大是文化

宋朝被誤解的科技強國

天文鐘、潮汐觀測、觀星、昆蟲破案、
石油命名、引入自來水，
這些世界第一，都來自你以為很弱的宋朝。

暢銷歷史作家、
從事物理教育二十多年的物理老師
曲相奎——著

Contents

第二章

中國達文西燕肅，十年觀潮誕生《海潮論》 49

Contents

第三章 聞名世界的博學家蘇頌，爭得七項世界第一 65

第四章
中國科學家沈括，為石油命名，為十二氣曆定調

Contents

第六章

建築界祖師爺李誡，《營造法式》奠定工程技術標準　179

Contents

第九章

數學教育家楊輝，教材被朝鮮列為國家考試指定用書　237

Contents

科技強國大事記

北宋	年號	事件
燕肅（九六一年—一〇四〇年）	乾興元年（一〇二二年）	《海潮論》：以科學方式解釋潮汐現象，並繪製出《海潮圖》。
	天聖五年（一〇二七年）	復原製造「指南車」、「記里鼓車」：標誌宋朝在齒輪傳動、離合器應用上取得的成就。
	天聖八年（一〇三〇年）	製造「蓮花漏」：古代的計時器，精確程度比起舊式刻漏有很大的改進。
畢昇（約九八二年—一〇五一年）	慶曆年間（一〇四一年—一〇四八年）	發明「活字印刷術」：歐洲的第一部活字印刷品《古騰堡聖經》在一四五四年才出現。
蘇頌（一〇二〇年—一一〇一年）	嘉祐六年（一〇六一年）	《本草圖經》：繪製了大量的藥物圖形並加以文字說明，是最早以藥帶方的著作。
	元佑七年（一〇九二年）	發明「水運儀象臺」：世上最古老的天文鐘，第一個自動、機械化的天文演示裝置。

（接下頁）

北宋	年號	事件
蘇頌（一〇二〇年—一一〇一年）	紹聖三年（一〇九六年）	《新儀象法要》：除了完整記述「水運儀象臺」的各部件繪圖外，其中的〈蘇頌星圖〉所觀測到的星數，比十四世紀文藝復興時期的歐洲還多四百顆。
沈括（一〇三一年—一〇九五年）	熙寧五年（一〇七二年）	使用「分層築堰法」治理汴河，開創了世界水利史上分層測量的先河。
	熙寧七年（一〇七四年）	《十二氣曆》：完全按節氣來制定的曆法制度，與現行陽曆原理一致，簡單又便於各種生產活動。
	熙寧九年（一〇七六年）	《守令圖》：大型全國地圖集，以「飛鳥」繪製，類似於現代的航空拍攝，改變了以往「循路步之」的測量方法，大為提升地圖的精確度。
	約元祐年間（一〇八六年—一〇九四年）	《夢溪筆談》：除了敘述有關科學技術的各方面先進成就外，也對當時政治、軍事、藝術以及傳聞軼事等方面，均有翔實記載。

北宋	年號	事件
錢乙（一〇三二年—一一一三年）	宣和二年（一一一九年）	《小兒藥證直訣》（閻季忠編著）：錢乙逝世後，其學生閻季忠將他的醫學理論、案例、經驗加以蒐集而成。書中完整記錄對小兒疾病的診斷方法，錢乙所創製的「六味地黃丸」也流傳至今，被認為是開闢滋陰派的先驅。
李誡（約一〇三五年—一一一〇年）	元符三年（一一〇〇年）	《營造法式》：中國第一本詳細論述建築工程方法的官方著作，統一了工程標準、規定，並以圖樣解說的建築百科全書。
唐慎微（約一〇五六年—一一三六年）	元豐六年（一〇八三年）	《證類本草》：全書共六十多萬字，收錄一千六百多種藥物，並附藥方近三千帖，對古代的臨床用藥很有幫助。而其完備、準確程度，也比十六世紀歐洲植物學著作還高許多。

（接下頁）

南宋	年號	事件
宋慈（一一八六年—一二四九年）	淳祐七年（一二四七年）	《洗冤集錄》：根據宋慈長期驗屍經驗的累積，結合各朝代的屍傷檢驗書而成，是世上最早的法醫學專書。於明朝時傳入朝鮮、日本，後又在歐洲發行譯本，影響世界各國，宋慈也因此被譽為「法醫學奠基人」。
秦九韶（一二〇八年—一二六一年）	淳祐七年（一二四七年）	《數書九章》：題材取自宋代社會各方面，包括農業、天文、水利、建築、測量、賦稅、軍事等，是一部實用數學大全。書中所提出的多種定理，在當時皆處於世界領先地位，其中十九世紀引起數學界轟動的「霍納算法」，七百年前就已經在這本書中出現。
楊輝（一二三八年—一二九八年）	景定二年—景炎元年（一二六一—一二七六年）	《楊輝算法》：為《乘除通變算寶》、《田畝比類乘除捷法》、《續古摘奇算法》三本著作合稱，引用了許多在宋代已失傳的算術，其中的幻方（縱橫圖）在現代哲學、藝術、人工智慧都有著廣泛的應用。

推薦序一
一堂必須補的歷史課

資深歷史教師／李天豪

過去十年，臺灣的歷史課程有本質性的變動，這是很多家長都知道的事情。但是，大家不太清楚的是，變動的內容到底朝向什麼方向。透過媒體的宣傳，大眾多半認為，只是「意識形態」上的調整而已，其他專業性的內容，未必有多少實質性的變化。

畢竟，「歷史」不就是已經發生的事情，還能有什麼變化呢？其實，這恰恰就是對新版歷史教材最大的誤解。如果家長們能花點時間，找來孩子的歷史課本細讀幾十分鐘，很容易就能發現，前述的意識形態調整，容或有之，但是絕非主要變化。

新時代的歷史教科書真正改變的，是看待整段人類文明發展歷程的觀點。過去，不管是以什麼立場寫成的教科書，都是討論政治、軍事、經濟，這種「國家大事」層面的事件，差異只在評述的角度，本質上沒有不同。如今，則側重在描述物質文明與精神文明的演變上。軍國大事之類的事件，只作為背景，是遠方的風景，不是眼前的細節。

比如，過去的課本一談到宋朝就是「重文輕武」政策，或是「王安石變法」的成敗得失，要求學生記憶、評價、對比。從今日教學現場與教材編輯者的角度來看，這些教材雖然不能說無意義，但是太大而無當了。

十幾歲的中學生，思考這些軍國大事，對於整體社會科學知識框架的建立，沒有什麼幫助。絕大多數的學生，在走出校門之後，也會很快將這些「大學問」還給老師。這種情況，相信讀者諸君都心有同感吧？

學歷史，要如何才能更有用呢？關鍵在於細節，在於具體事實的理解與評述，在於清晰辨識不同文明發展階段的差異。

以宋代歷史為例，史學界公認，宋代是中國進入平民社會的開始，與唐朝以前的世族社會，有本質上的不同，是為「唐宋變革說」。但是，要把這個大觀念說給學生聽，單靠堆砌歷史事件是不夠的，必須詳述生活方式的變革。

比方說，唐代也有科舉，但是為什麼宋代的科舉才是平民真正進入官場的開始？答案是：「宋代印刷事業的興盛，讓讀書考試不再是高門大姓的專利，進而促成了知識的流傳與普及。」

想要有這種認知，對於造紙技術、印刷技術的具體認識，是少不了的。否則各種歷史解釋，無異於空中樓閣。這種新教學方針，無疑是未來歷史教學的主流。但是，教科書的篇幅有限，無法盡述，至為可惜。

本次，大是文化推出的《宋朝，被誤解的科技強國》，正好補上這個缺口。本書內容有滿滿的史料，有些都還是我未曾了解過的，講述方式不浮誇，完全沒有時下網路農場文章的油膩感，讀起來極為過癮，強力推薦給各位讀者。

推薦序二

如果可以穿越時空，你最希望回到哪個朝代？

「歷史說書人 History Storyteller」粉絲專頁／江仲淵

前幾年有一個熱門的話題：「如果可以穿越時空，你最希望回到哪個朝代？」我想了一下說：「宋朝吧。」

宋朝一直都給我們一種羸弱的形象，強幹弱枝的軍事體系，導致連年的對外戰爭失利，即使贏得了幾場戰役，也會因為急切想恢復和平而賠款給戰敗國，我們所熟知的西夏政權，在宋朝以絕對兵力優勢、地理優勢、文化優勢的情況下，竟能存活將近兩百餘年之久，宋朝之積弱形象，在我們國、高中的教科書裡，毫不留情的顯現在眾人眼中。

不過，假如就這樣斷然論定宋朝不好，那可就太簡單了。我們學習歷史，經常會陷入一種在原地打轉的困境，機械式的背誦歷史人物或者歷史事件的政治評價，或者是以國家版圖來論斷一個朝代是否興盛，這意義不大。歷史總是多方面的，它就像是鑽石一樣，擁有不同角度的切面，在我們賞閱的時候，隨著角度的翻轉，不同層面也會綻放出不一樣的光彩。

宋朝的軍事實力不佳，這是黯淡的一面，但相反的，在這段時期中國的科技文化還有社會生產力呈現急速成長，北宋可以說是知識氣息最濃厚的朝代，是每個讀書人所嚮往的天堂。宦官專權寥寥無幾，民亂的次數也是歷代最少，商業呈現自由開放，且由於和平條約的關係，長久以來陷入干戈的中原大地終於有喘息的機會，人民過得平安，國家過得順遂，無處不發出耀眼的光彩。

如史學大家陳寅恪所言：「華夏民族之文化，歷數千載之演進，造極於趙宋之世。」也正是在大宋時期，中國的土木工程、航海技術、印刷、火藥、機械、紡織以及冶金，都取得了迅速的發展。

布衣畢昇在雕版印刷術的基礎上發明的活字印刷術，比西方人足足早了四百年。沈括晚年大膽創立「十二氣曆」，成為世上第一個提出太陽曆和農曆結合的人。科技文明之花競相綻放、科學巨星燦若星雲，中國科技史上最光輝燦爛的時期由此應運而生。

不誇飾的說，撇去滿清打開國門後的歷史來審視歷朝歷代，我們會驚奇的發現，宋朝距離工業革命竟曾如此之近，甚至出現資本主義的雛型了！

歷史是過去傳到將來的回聲，也是將來對過去的反映，在人類數千年來浩浩蕩蕩的世界潮流中，科技對歷史巨輪的邁進有舉足輕重的影響，了解古人的科技發展，也正是華人樹立文化自信的堅實基礎。

本書觀點犀利、有條有理，文風不像教科書敘述似的死板乏味，也不喜歡賣弄一些自以為是的風趣討人觀看，作者是扎扎實實的學者，也可以說是具有「匠人精神」的作家，將大量的史料統整分析，個別剖析各種人事物，不知疲倦的追求，往更深一層探索，這也正是審視歷史最好的方法。

學習歷史，即是為了養成一種「歷史觀」，讓我們能從多個維度去分析當下的人和事，而宋朝絕不是兩三句便可以簡單概括，這本書將帶領大家揭開，中國古代科技發展史最輝煌的黃金時期。

前言
重文輕武的宋朝，改變了世界科技發展

凡是提及古代中國，幾乎都以漢唐稱之。漢族的由來，是因為強大的漢朝；唐裝的盛行，是因為盛世的大唐。的確，這兩個朝代國力強盛，文化發達，許多外族都臣服於兩朝之下。然而，宋朝承接唐朝，它的文化發展也絲毫不亞於唐朝，許多方面甚至超越唐朝。

西元九六〇年，後周大將趙匡胤發動陳橋兵變，黃袍加身，幾乎兵不血刃就取得了半個天下。趙匡胤出身官宦，作為一國大將，他深知前幾朝之所以更迭頻繁，中原內亂不止的癥結為何，他認為在這段混亂的時期中，地方割據，藩鎮將軍兵權太重，武人藐視文人，禮樂崩壞。所以，當他統一各個地方勢力後，就來了個「杯酒釋兵權」，制定重文輕武的國策。

宋朝結束了五代十國的分裂局面，這在實質上更有利於各地區之間政治、經濟、文化的交流，大大促進了科學技術事業的發展。同時，隨著宋朝商品經濟的發展，也為科學技術的開發創造了許多動力。

而宋朝民族融合的結果，為宋朝科學家在進一步發展科學技術方面，創造了極為有利的條件，現在我們所看見的科技，就是各族人民共同創造的燦爛科學文化。

此外，趙匡胤還要求其子孫永遠不得殺害文人，這使得文人的地位在宋朝得到了空前提升，重文輕武的風氣在宋朝達到了極致，著名的「好男不當兵」、「唯有讀書高」就是出在宋朝，真正實現了「學而優則仕」。

在理學興起、宗教勢力退潮、言論控制降低、市民文化興起、商品經濟繁榮與印刷術的發明等一系列背景下，宋朝優秀文人輩出，知識份子覺醒。社會上瀰漫尊師重道之風氣，政治開明廉潔，科技發展突飛猛進。

英國研究中國科技史的專家李約瑟（Joseph Needham）曾說：「每當人們在中國文獻中查找任何一種具體的科技史料時，往往會發現它的主要焦點就在宋朝。」

兩宋時代在科學技術方面所取得的成就之大、之高，在中國歷史上非常罕見。震驚世界的三大發明——火藥、活字印刷和指南針，就誕生於這一時期。

除此之外，中國人在許多方面也取得了成功，興修水利，實施水稻的雙季栽植（按：在同一塊稻田裡，一年中種植和收穫兩季水稻的一種稻作制度）；茶葉種植面積擴大；棉花成為普及性農作物；算盤開始應用，從此成為東亞商人的主要計算工具；火藥的發明又推動了火箭、突火槍、火炮、地雷、火毬等兵器的革命。

宋朝科技的發展在世界歷史上留下了五彩斑斕的一頁，同時也為我們留下了寶貴的遺產。回眸宋朝科技的發展，雖然曾經燦爛輝煌，但努力培養和弘揚科學，學習求真務實、開拓創新的科學精神，也是現代人的當務之急。

第一章

活字印刷鼻祖畢昇，留下字活人死的結局

畢昇發明的活字印刷術，是印刷史上一次偉大的技術革命，印刷術在歐洲文藝復興、科學革命等運動中，都扮演了重要角色。

遠古時期的「書」，最早是刻寫在龜甲牛骨上，後發展為刻寫到竹簡上。毛筆和墨的發明，使得讀書人不僅能讀書還能書寫，不必像刀筆時代那樣，需要一個刻寫匠隨時侍候，而且能讓人更方便、更及時的記錄自己的思想。春秋以前，中國歷史上雖然不乏大政治家、大思想家，但沒有一人親自著書，原因就在這裡。

秦朝名將蒙恬發明用石灰水浸毛，去除毛表面斥水物質的方法，促使毛筆的製作技術最終定型，毛筆才真正成為書寫工具。至此，古人找到了書寫流利、省時省力的書寫方法，使書寫不再是一件苦差事，人們會在閒暇之餘寫上幾筆，並且力圖寫得漂亮，甚至互相比試，開創了書法藝術的先河。而秦朝的政治家李斯，是有史以來第一位大書法家，這說明了筆墨技術在秦朝日趨成熟。

雕版印刷的形成和演變

漢字結構複雜，每個人寫的字都會有所不同，有的秀麗美觀，有的粗鄙醜陋，因而促使人們把書法當作是一種藝術來追求，而提高書法技能的重要途徑就是模仿好的書法作品，但是寫字漂亮的人，一般都是書吏（按：又稱抄寫員、文士，是古代一種專門為人記錄事情或抄寫文本的職業），其作品大部分是政府公文，一般人很難見到。古代盛行在石碑上刻文，找字寫得好的人寫成底文再由石匠刻出，是人們練習寫字的最好範本。不過礙於石碑笨重，無法輕易帶回家中模仿。

西漢晚期雖已出現紙張，但那時的紙張纖維粗糙，且著墨性能差，主要是代替布用作包裹、襯墊之物，也有在包裝紙上寫字記事的現象，如考古學家曾在「懸泉置遺址」（按：位於甘肅省敦煌市）發現寫有藥名的紙張。

造紙技術先是借鑑中國早已成熟的「繅絲技術」，把纖維物質浸於水中搗碎以分散纖維，將碎纖維撈出攤晾而成，纖維粗、紙質厚，書寫性能差，未能廣泛用作書寫材料。東漢和帝時的官員蔡倫，改革造紙法，製出材質薄而均勻、纖維細密的新型紙，大大提高了紙的書寫性能，紙的主要用途才被轉向書寫。紙張薄而軟，使得書法練習者們想出仿照印章，拓印碑文的方法，方便帶回家模仿字體，即拓片方式。

紙的發明，使拓印成為可能，讓每個書吏都能練就一手好字，也造就了三國及晉代大批書法家的出現。西方文字字母結構簡單、數量少而且用硬筆書寫，可以寫得很花俏，人們學會幾十個字母後，就可以大量寫字，沒有拓片模仿他人字跡的需求，紙能寫字就行了，沒有對造紙術的需求，所以西方人沒有發明造紙術的社會基礎。相較之下，隋煬帝創建科舉制度，用寫文章的辦法選拔官員，寫得一手好文章的人就能當官。

毛筆與墨發明後，人們可輕易把「書」寫到任何材料、任何地方。但墨書不易保管，而且不易複製。受青銅器銘文（按：又稱金文，指商周時代鑄刻在青銅器上的文字）的啟發，人們把書籍內容寫在木板上，雕刻出可以用於印刷的木版。到東漢末年的熹平年間（一七二年到一七八年），出現了摹印和拓印石碑的方法。

隨著經濟文化的發展，讀書的人多了起來，對書籍的需求量也大大增加。晉朝初年，官府有書接近三萬卷。南北朝梁元帝時期在江陵有書籍七萬多卷。隋朝藏書則有三十七萬卷，這是中國古代國家圖書館最高的藏書紀錄。除了官府藏書，私人藏書也越來越多。比如晉朝名士郭太，有書五千卷；而詩人張華搬家的時候，單是搬運書籍，就用了三十輛車子。印刷術發明以前，只有官府或者像郭太、張華那樣的富人才能有這麼多的藏書，一般人要得到一、兩本書也很不容易，因為那時的書都是手抄本，非常珍貴。

讀書人口大增，儒家典籍就得以廣泛流傳。尤其在南朝時寺院林立，僧侶眾多，無休止的抄寫佛經，使人們迫切需求一種快速複製圖文的方法，這就激發了印刷術的發明。雕版印刷術始於隋朝，在隋末唐初，由於大規模的農民起義，推動了社會生產的發展，文化事業也跟著繁榮起來，客觀上也產生了雕版印刷的迫切需要。

顧名思義，印刷術的「印」字，本身就含有印章和印刷兩種意思；「刷」字，則是拓碑施墨這道工序（按：拓印碑刻時，用木槌均勻輕拍拓紙，使字形顯現的過程）的名稱。從印刷術的命名中已經透露出它跟印章、拓碑的血緣關係。印章和拓碑是活字印刷術的兩個淵源。印章的面積本來很小，只能容納姓名或官爵等幾個文字。東晉時期，道教興起，他們會在桃木上刻文字較長的符咒，從而擴大了印章的面積。據晉代陰陽家葛洪的《抱朴子》一書中記載，道家有一種刻著一百二十個字的印章。可見當時已經能夠用蓋印的方法複製一篇短文了，這實際上就是雕版印刷術的先驅。

拓碑是印刷術的另一個淵源，漢武帝「罷黜百家，獨尊儒術」。但當時儒家典籍全憑老師口授，學生筆錄。因此，不同的老師傳授同一典籍也可能會有差異。漢靈帝熹平四年（一七五年），政府立石將重要的儒家經典全部刻在上面，作為校正經書的標準本。為了免除從石刻上抄錄經書的勞動，大約在四世紀左右，人們發明了拓碑的方法。

拓碑的方法很簡單，把一張堅韌的薄紙浸溼後敷在石碑上，再覆蓋一張吸水的厚紙，用毛刷輕敲，到紙陷入碑上刻字的凹槽時為止，然後揭去外面的厚紙，用棉絮或絲絮，蘸著墨汁，輕輕的、均勻的往薄紙上刷拍，等薄紙乾後揭下來，便是白字黑底的拓本。

這種拓碑方法，跟雕版印刷的性質相同，不同的地方在於，碑帖的文字是內凹的陰文，而雕版印刷的文字是外凸的陽文，石碑上的文字是陰文正寫。拓碑提供了從陰文正字取得正寫文字的複製技術。後來，人們又把石碑上的文字刻在木板上，再從而傳拓。而唐代大詩人杜甫在詩中曾說：「嶧山之碑野火焚，棗木傳刻肥失真」（這種雕版印刷已經所剩無幾了）。在唐代，印章與拓碑兩種方法逐漸發展合流，從而出現了雕版印刷術。

唐穆宗長慶四年（八二四年），詩人元稹為白居易《長慶集》作序，說到當時揚州和越州一帶處處有人將白居易和他自己的詩「繕寫模勒」（按：仿照原樣雕刻），在街上販賣或用來換取茶酒，這是現存文獻中有關雕版印刷術的最早記載。唐文宗開成元年（八三六年）

唐文宗根據東川節度使（按：古代地方軍政長官）馮宿的報告，下令禁止民間私製日曆版。馮宿在他的報告中說：「每年中央司天臺（按：唐朝時的官署名稱，負責觀測記錄天象、制定頒布曆法等）還沒奏請頒布新曆書的時候，民間私印的曆書早已飛滿天下。」可見當時民間從事雕版印刷業的人是很多的。

一九〇〇年，在甘肅敦煌縣千佛洞發現的藏書中，有一卷雕版印刷的《金剛經》，其末尾題著「咸通九年四月十五日王玠為二親敬造」一行字。這是目前世界上最早發現有確切日期的印刷品。

這冊書的形式是卷子，長約五．三公尺，由七個印張（按：印刷書籍時每一本書所用紙張數量的計算單位。一印張為全張平版紙〔通稱新聞紙或報紙〕的二分之一）黏接而成。最前面是一幅畫，畫的是釋迦牟尼在舍衛國「祇樹給孤獨園」（又名祇園精舍）說法的情景。其餘印的是《金剛經》全文。這個卷子圖文都非常精美，雕刻的刀法細膩，渾樸凝重，說明當時刻版印刷的技術都達到了相當純熟的程度。

雕版印刷的版料，一般選用紋質細密堅實的木材，如棗木、梨木等。先把木頭鋸成一塊塊大小一樣的板子，使之平滑，把要印的字寫在薄紙，並反貼在木板上，再根據每個字的筆劃，用刀一筆一筆雕刻成陽文，使每個字的筆劃突出在板上。木板雕好以後，就可以印書了。印書時，先用一把刷子沾墨，在凸起的字體上塗上墨汁，然後把紙覆蓋在木板上面，另外拿一把乾淨的刷子在紙背上輕輕刷一下，輕輕拂拭紙背，字跡就會留在紙上。把紙拿下來

▲《金剛經》，現藏於大英博物館，為世上最早的雕版印刷品。

後，一頁書就印好了。

而一本書的字數自然是相當的多，所雕的板也不只一塊，每一塊都照這種方法刷印成文。全部印刷工作完畢，一頁一頁裝訂起來，一本書也就大功告成。這種印刷方法，是在木板上雕好字才印上，所以大家稱它為「雕版印刷」。

說起印製書籍，雕版印刷的確是一個偉大的創造。一種書，只需要雕一次木板，就可以印很多部，比用手寫不知要快多少倍。可是用這種方法，印一種書就得雕一塊木板，耗費的人工仍舊不低，無法迅速、大量的印刷書籍，有些書字數很多，常常要雕好多年才能完成，萬一這部書印了一次不再重印，那麼雕得好好的木板就完全沒用了，而且雕版既笨重費力又耗料耗時，不僅存放不便，有錯字也不易更正。

早期印刷活動主要在民間進行，多用於印刷佛像、經典以及曆書等。唐太宗的皇后長孫氏，收集了許多封建社會中婦女典型人物的故事，編寫了一本叫《女則》的書。貞觀十年（六三六年）長孫皇后死了，宮中有人把這本書送到唐太宗那裡。唐太宗看到之後，下令用雕版印刷把它印出來。《女則》就成為中國文獻資料中最早的刻本。

大和九年（八三五年），劍南、兩川和淮南道的人民，都利用雕版印刷曆書，在街上販賣。當時管曆法的司天臺還沒有奏請皇上頒發新曆，老百姓印的新曆卻已到處都是了。而頒布曆法是封建帝王的特權，唐代官員馮宿為了維護朝廷的威信，就奏請禁止私人出版曆書。唐文宗便下令各地不得私自雕版印刷曆書。可是，曆書關係到農業生產，所以農民們非常需要，一道命令怎麼禁得了呢？雖然唐文宗下了這道命令，民間刻印的曆書仍舊到處風行。即使在同一個地區，民間印刷曆書的也不只一家。

黃巢之亂時，唐僖宗慌慌張張逃到四川。皇帝都逃跑了，當然也就沒有人來管禁印曆書的事。因此，江東地區的人民就自己編印曆書來賣。唐僖宗中和元年（八八一年），市場上就同時出現了兩個版本的曆書，這兩套曆書竟然在月大月小上相差了一天，這就難免發生了爭執。這件事被一個地方官知道了，他覺得不可思議，說：「大家都是同行做生意，相差一天半天又有什麼關係？」曆書，這麼嚴謹的東西怎麼可以差一天呢？這個地方官的說法真是叫人笑掉大牙。

親歷雕版印刷實際工作

北宋國都汴梁（按：今日的河南省開封市）的大街上，車水馬龍，熱鬧異常。坐落在東門大街上的萬卷堂書坊也是人來客往，生意十分興隆。然而，書坊的雕刻工廠裡卻鴉雀無聲。幾十個雕刻匠人正聚精會神的雕刻著雕版。萬卷堂書坊是汴梁城裡最大，專營雕版印刷的手工業作坊。

在這些工人中有一個三十多歲臉龐清瘦的青年，他身著半舊不新的粗麻布衣服，濃黑的眉毛下一對炯炯有神的大眼睛。他就是畢昇。畢昇出生於北宋太宗太平興國七年（九八二年），父親畢士奇勤勞本分，叔父畢士華是從事雕版印刷工作的印刷工人。畢士華年輕有為，廣交四海，在宣州（今安徽）、益州（今四川）、錢塘（今杭州）、古荊州等地，畢士華都開辦了畢氏印坊。淳化四年（九九三年），畢昇十二歲時，畢士華因益州茶農王小波起義而回歸故里，得以與畢昇父子團聚，因叔父見多識廣，便教給幼小聰慧的畢昇許多知識。淳化五年（九九四年），十三歲的畢昇參加縣考通過，獲「白衣秀士」之譽。至道二年（九九六年），十五歲的畢昇在其父畢士奇的支援下，遊學勵志，他先是來到了錢塘，然後到汴京（今河南省開封市）。

畢昇小時候經常在書坊、雕刻坊外偷看匠人刻雕版，他勤奮好學，天天讀書寫字，真、草、隸、篆、甲骨文都學著寫。因此不到十五歲，就認識不少字，而且也練就了一手好字。

有位號稱「神刀王」的雕版師傅，刀下功夫遠近馳名，得到許多人的稱讚。很多人慕名前來，畢昇為了提高自己的雕版技藝，就來拜師。神刀王看他聰明靈巧，十分討人喜歡，且又寫得一手好字，就收了這名徒弟。畢昇跟著師父早起晚睡，勤奮學習雕刻技術，短時間，他的技藝就有了大幅的進步。

幾年後的一天，神刀王正在雕刻晉代大書法家王羲之的《蘭亭序》，讓畢昇在一旁觀看揣摩。哪知畢昇不小心碰了師父的胳膊，結果最後一行的一個「之」字刻壞了。就這樣，整塊木板都要報廢。當時師父並沒有責備他，但是畢昇難過極了，晚上他躺在床上，翻來覆去睡不著覺。

他先是暗暗埋怨自己，後來又突然冒出一個念頭：雕版印刷太麻煩了，印一種書就得雕一回木板，費的人工仍舊很多，無法迅速、大量的印刷書籍，有些書字數很多，常常要雕好多年才能雕好，萬一這部書印了一次不再重印，那麼，雕得好好的木板就完全沒用了。有什麼辦法改進呢？

從生活中得到靈感，發明活字印刷

宋真宗咸平三年，即一〇〇〇年，十九歲的畢昇迎娶同鄉才女李妙音。

按北宋科學家沈括在《夢溪筆談》所記，畢昇是在慶曆年間（一〇四一年至一〇四八年）發明了活字印刷術，也就是在畢昇五十九歲到六十六歲的這一人生階段。

自從弄壞師父的雕版以後，畢昇就沒有停止過思考。

一天，他對大家說：「師傅們！這種雕版印刷方法非改革不可！我畢昇有這個決心。希望大家出點子，想辦法，多多幫忙。」

「怎麼改？好多前人都改不了，何況我們呢？」

「別異想天開了，還是老老實實刻我們的字吧！」大家七嘴八舌了好一陣子。

但畢昇並不氣餒，此後一有空閒，他就在思考這件事。

有一天，畢昇看見兩個兒子玩扮家家酒，用泥做成了鍋、碗、桌、椅、豬、人等，然後隨心所欲的擺來弄去。畢昇看著看著，忽然眼前一亮，高興的大叫起來：「有辦法了！有辦法了！如果把字也變成桌椅等玩具，不也可以隨意排列組合了嗎？」

這時畢昇已經六十六歲了，雖然冬天天氣很冷，他仍然趴在桌上，用小刀在一塊塊小木板上刻著字。手凍僵了，就用嘴吹吹熱氣再刻。就這樣白天上工，晚上刻字，三千多個常用字終於刻完了。

幾個月後的一個早晨，天剛亮畢昇就起來了，急急忙忙的吃過早飯，便背著個大竹籃，跨進了萬卷堂書坊的雕刻工廠。

他興奮的說：「諸位師傅，我用了幾個月時間，已經把木活字刻好了。今天我想實驗一下，請大家指教。」大家聽了畢昇的話，都有點驚奇，有的人帶著半信半疑的神情，從籃子裡拿出了幾個木活字問：「用這個東西有什麼好處呢？」

畢昇不急不忙的說：「活字印刷，印完了可以把字拆下來，下次再用。這不是比雕版印刷好嗎？」

「字這麼多，你怎樣把需要的字一個一個揀出來呢？」

「請大家仔細看，我是把字按讀音歸類的。一種韻部放一類。同一類的字放在一個盤子裡，然後再按部首筆劃排出順序，所以揀起來是十分方便的。」

「可是，怎樣把字排在一起又會不分開，而且字面平整呢？」

當看到畢昇把木活字夾在一塊有方格的鐵框板裡，用燒化了的松香把沒有字的一頭黏在鐵板上，拼成了一塊活字版後，大家忍不住點頭稱讚。畢昇在字上塗了油墨，開始印刷，可是印著印著，字跡漸漸變大，筆劃也越來越模糊了。原來是選用的木材出了問題。

「該用哪種木材好呢？」大家一時都沒了主意。

有個師傅沉思了良久，說：「我想，最好能用一種既便於雕刻又不吸水的東西代替，但它又不是木料。到底是什麼呢？我一時想不出。」他的話引起了大家的興趣，你一言我一語，紛紛議論起來。

這時畢昇看到一個年輕工匠手中的茶壺，突然靈機一動，脫口而出：「有了！有了！」大家聽了他的話都有點莫名其妙。畢昇鎮靜了一下，微笑的說：「我看到了瓦壺，猛然想起製活字的東西來了。如果用膠泥弄成坯刻上字，再放進窯裡燒，不就可以製成不吸水又不易變形的活字了嗎？」

第二天，畢昇就來到了離京城不遠的一個叫「黟首谷」的地方，這裡出產一種土質細而黏性強的泥土。在黟首谷窯場工人們的幫助下，世界上第一批泥活字就這樣在一個平民手中誕生了！

在大家的祝賀聲中，畢昇進行了活字印刷的表演。只見他從屋裡取出一個有方格的鐵框板，又從兜裡掏出一包松香均勻的鋪在上面，之後便把鐵框板放在爐子上加熱。松香一遇熱，就熔化了。

接著他將細膩的膠泥製成小型方塊，一個個刻上凸面反字，用火燒硬，按照韻母分別放在木格子裡。並在一塊鐵板上鋪上黏著劑（松香、蠟和紙灰），按照字句段落將一個個字印依次排放，不一會，鐵板上就排滿了字。再在四周圍上鐵框，用火加熱。

畢昇把鐵框板從火爐上拿下來，迅速用一塊平平的木板在字面上輕輕壓了壓，字面就平整了。松香一凝固，一框泥活字也就整齊的黏在一起，非常牢固。待黏著劑稍微冷卻時，用平板把版面壓平，完全冷卻後就可以印了。印完後，把印版用火一烘，黏著劑熔化，拆下一個個活字，留著下次排版再用。看到這裡，大家齊聲叫起好來。

畢昇仔細把印墨均勻的塗在字面上，然後小心翼翼鋪上白紙，熟練的印起來。一張、兩張、十張、百張……一連印了三百張，每一張都很清楚。

周圍的人都非常激動，師弟們更是忍不住讚嘆！一位小師弟說：「《大藏經》五千多卷，雕了十三萬塊木板，一間屋子都裝不下，花了多少年心血！如果用師兄的辦法，幾個月就能完成了。師兄，你是怎麼想出這麼巧妙的辦法的？」

「是我的兩個兒子教我的！」畢昇說。

「你兒子？怎麼可能呢？他們只會『扮家家酒』。」

「你說對了！就靠這扮家家酒。」畢昇笑著說，「有一天，兩個兒子玩扮家家酒，用泥做成了鍋、碗、桌、椅、豬、人，隨心所欲的排來排去。我的眼前忽然一亮，當時我就想，我何不也來玩扮家家酒：用泥刻成單字印章，不就可以隨意排列，排成文章嗎？哈哈！這難道不是兒子教我的嗎？」師兄弟們聽了，也哈哈大笑起來。

雕版印刷一版能印幾百部甚至幾千部書，對文化的傳播確實起了很大的作用，但是刻板費時費工，大部分的書往往要花費幾年的時間，存放版片又要占用很大的地方，而且常會因變形、蟲蛀、腐蝕而損壞。印量少而不需要重印的書，剩下的版片就成了廢物。

此外，雕版發現錯別字，改起來很困難，常需整塊版重新雕刻。活字製版正好避免了雕版的不足，只要事先準備好足夠的活字，就可隨時拼版，大大的加快了製版時間。活字版印完後，可以拆版，活字可重複使用，且活字比雕版占有的空間小，容易存儲和保管。這樣活字的優越性就表現出來了。

而畢昇發明的活字印刷方法既簡單靈活，又方便輕巧。其製作程序為：用膠泥做成一個個規格一致的毛坯，在一端刻上反體單字，字劃突起的高度像銅錢邊緣的厚度一樣，用火燒硬，成為膠泥活字。為了適應排版的需要，一般常用字都備有幾個甚至幾十個，以備同一版內重複的時候使用。遇到不常用的冷僻字，如果事前沒有準備，可以隨製隨用。

為了便於揀字，把膠泥活字按韻分類放在木格子裡，貼上紙條標明。排字的時候，用一塊帶框的鐵板作底板，上面敷一層用松脂、蠟和紙灰混合製成的藥劑，然後把需要的膠泥活字揀出來一個個排進框內。排滿一框就成為一版，再用火烘烤，等藥劑稍微熔化，用一塊平板把字面壓平，藥劑冷卻凝固後，就成為版型。印刷的時候，只要在版型上刷上墨，覆上紙，加一定的壓力就行了。

為了可以連續印刷，就使用兩塊鐵板，一版加刷，另一版排字，兩版交替使用。印完以後，用火把藥劑烤融化，用手輕輕一抖，活字就可以從鐵板上脫落下來，再按聲韻放回原來木格裡，以備下次再用。

字活人死的結局

北宋真宗時，曾令畢昇協印《國書》。他二赴汴京，為趕印《國書》，畢昇在汴京的「八大印坊」推行木活字版印法。而因水墨刷印，氣溫變化，導致木活字變形高低不平，竟然印壞了《國書》，真宗一時龍顏大怒，下旨嚴辦八大印坊坊主，畢昇仗義執言，被判黥面死刑。同年冬至被義士袁門解救而死罪得免，獲活罪入沙門島服刑。

北宋仁宗天聖元年（一〇二三年），時年四十一歲的畢昇獲大赦出獄還鄉。其後畢昇把全部心血致力於發明活字印刷術上，皇祐元年（一〇四九年），畢昇的愛妻李妙音不幸病逝。兩年後，已經六十九歲的畢昇三赴錢塘，推行泥活字版印法，在他剛滿六十九歲的當日，即農曆二月二十四日晨，為其妻單身赴靈隱寺還願，被宿敵派殺手暗算，並翻渡船遇難於錢塘江中。

宋元祐五年（一〇九〇年），即畢昇誕辰一百零八週年，沈括撰寫《夢溪筆談》，在「卷十八」中記載了畢昇膠泥活字版工藝流程，並留下了「慶曆中有布衣畢昇，又為活版……」等兩百七十四個字，為後世揭開活字印刷術發明者畢昇的身世之謎，留下了一字值萬金的歷史記載。

活字印刷術的遠播

在中國印刷史上，沈括也是一位不能不提的人物。這不僅是因為他最早詳細的介紹了畢昇發明的活字版印刷技術，為印刷史的研究提供了重要的文獻資料，更重要的是他的記載，對推動活字版技術的發展，起了很大的作用。我們今天仍考查不出雕版印刷術發明的確切年代。而活字版的情況就不同了，這技術一出現，就被同時代的沈括所記載，不但有發明者、發明的年代，而且有詳細的工藝技術的介紹。

宋人周必大曾被封為濟國公，老年時從沈括那裡學來了畢昇的方法，印了自己的著作。他也做了一點小改動，把鐵板改為銅板。銅板比鐵板傳熱性好，易使黏藥熔化，雖然銅板比鐵板價格貴，但這對一個公爵來說並算不了什麼。

元代的理學家姚樞提倡活字印刷，他教子弟楊古用活字版印書，印成了朱熹的《小學》和《近思錄》，以及呂祖謙的《東萊經史論說》等書。不過楊古造泥活字，是用畢昇以後宋人改進的技術，並不是畢昇原有技術。

十九世紀清代著名的刻書家翟金生，因讀了沈括的《夢溪筆談》中所述的畢昇泥活字技術，而萌生了用泥活字印書的想法。他費時三十年，製造泥活字十萬多個。在一八四四年印成了《泥版試印初編》。此後，他又印了許多書。一九六〇年到一九七〇年在涇縣還發現了翟金生當年所製的泥活字數千枚。這些活字有大小五種型號。他以自己的實踐證明了畢昇的發明是可行的，打破了世人對泥活字可行性的懷疑。

元代的王禎創造了木活字。王禎是山東東平人，是一位農學家，做過幾任縣官，他留下一部總結古代農業生產經驗的著作——《農書》。王禎關於木活字的刻字、修字、選字、排字、印刷等方法都附在這本書內。他在安徽縣請工匠刻木活字超過了三萬個，於一二九八年試印了六萬多字的《旌德縣誌》，不到一個月就印了一百部，可見效率之高。這是有記錄的第一部木活字印本。

王禎在印刷技術上的另一個貢獻是發明了轉輪排字盤。用輕質木材做成一個大輪盤，輪盤裝在輪軸上可以自由轉動。把木活字按古代韻書的分類法，分別放入盤內的格子裡。他做了兩座這樣的大輪盤，排字工人坐在輪盤之間，轉動輪盤即可找字，這就是王禎所說的「以字就人，按韻取字」。這樣既提高了排字效率，又減輕了排字工的體力勞動。是排字技術上的一個創舉。元代木活字印本書雖已失傳，但當時維吾爾文的木活字則有幾百個流傳下來。明代木活字本較多，多採用宋元傳統技術。

在清代，木活字技術由於得到政府的支援，而獲得空前的發展。康熙年間木活字本已盛行，大規模用木活字印書則始於乾隆年間《武英殿聚珍版叢書》的發行。為印製該書共刻成木活字二十五萬三千五百個，共兩千三百八十九卷。這是中國歷史上規模最大的一次用木活字印書。用金屬材料製造活字，也是活字印刷的一個發展方向。在王禎以前，已有人用錫做

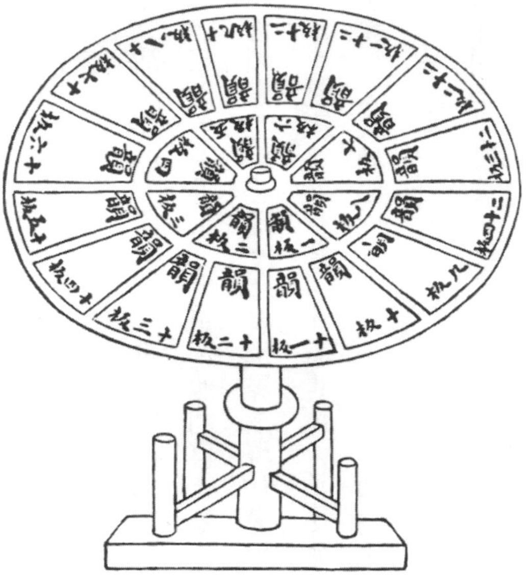

▲元代王禎在《農書》中繪製，按韻母排列的轉輪排字盤。

活字。但錫不易受墨，印刷困難，難於推廣。十五、十六世紀之際，銅活字流行於江蘇無錫、蘇州、南京一帶。銅活字印刷在清代進入新的高潮，最大的工程就是印刷數量達萬卷的《古今圖書集成》，估計銅活字使用達一百萬到兩百萬個。

印刷術的發明，是人類文明史上的光輝篇章。印本的大量生產，使書籍流傳後世的機會增加，減少手寫本因有限的收藏而遭受絕滅的可能性。由於印本的廣泛傳播及讀者數量的增加，過去西方教會對學術的壟斷遭到世俗人士的挑戰。宗教著作的優先地位也逐漸為人文主義學者的作品所取代，而讀者們對於歷來存在的，對古籍中的分歧和矛盾有所認識，因而削弱了對傳統說法的信心，進而為新學問的發展建立了基礎。

印刷術使版本統一，這和手抄本不可避免產生的訛誤有明顯的差異。印刷術本身不能保證文字無誤，但是在印刷前的校對及印刷後的勘誤表的出現，使得後出的印本更趨完善。透過印刷工作者進行的先期編輯，使得書籍的形式日漸統一，而不是像從前手抄者的各隨所好。凡此種種，使讀者養成一種有系統的思想方法，並促進各種不同學科組織的結構方式得以形成。

活字印刷發明以後，**畢昇的膠泥活字首先傳到朝鮮，稱為「陶活字」**。後來又採用木活字印書。到了十三世紀，他們首先發明用銅活字印書。十三世紀末，高麗用金屬活字印《答順宗心要法門》，是世界上現存最早的金屬活字本。後來，活字印刷術又由朝鮮傳到日本、越南、菲律賓。十五世紀，活字版傳到歐洲。十六世紀末，日本用活字刊行《古文孝經》、《勸學文》。大約在一四四〇年，德國刻板印刷師約翰尼斯·古騰堡（Johannes Gutenberg）將當時歐洲已有的多項技術整合在一起，發明了鉛字的活字印刷，很快在歐洲傳播開來，推進了印刷形成工業化。一四五四年，古騰堡用活字印《古騰堡聖經》，**這是歐洲第一部活字印刷品，比中國的活字印刷史晚了四百年。**

活字印刷術經過德國而迅速傳到其他十多個國家，促使文藝復興運動的到來。十六世紀，活字印刷術傳到非洲、美洲，十九世紀傳入澳洲。一五八四年，西班牙歷史學家傳教士岡薩雷斯·門多薩（González de Mendoza）在所著《中華大帝國史》中提出，古騰堡是受到中國印刷技術影響才造出鉛活字印刷；中國的印刷術透過兩條途徑傳入德國，一條途徑是經俄羅斯傳入德國，一條途徑是透過阿拉伯商人攜帶書籍傳入德國，古騰堡以這些中國書籍作為他的印刷藍本。門多薩的書很快被翻譯成法文、英文、義大利文，在歐洲產生很大影響。

義大利人則將活字印刷傳入歐洲的功勞歸功於某位義大利印書家，他見到馬可．波羅（Marco Polo）從中國帶回來的活字版書籍，便開始採用活字法印書。法國漢學家儒蓮（Stanislas Julien），曾將沈括《夢溪筆談》中畢昇發明活字印刷術的一段史料翻譯成法文，他是最早將畢昇發明活字印刷術的史實介紹到歐洲的人。古騰堡所發明的鉛字，實際上同時含有鉛、錫與銻。因為活字合金含有鉛等對人體有害的金屬、使用麻煩以及工藝上的不足，在電腦排版流行以後，逐漸淡出出版的舞臺。

印刷術的傳入使歐洲宗教改革的主張廣為傳播。馬丁．路德曾稱印刷術為「上帝至高無上的恩賜，使得福音更能傳揚」。在一五一七年馬丁．路德提出他的抗議之前，人們已經用一些本國的民族語言印刷聖經，使宗教改革的條件日趨成熟。福音真理不再是少數人所專有，而為普通百姓所能學習和理解。同時也使宗教信仰因國家不同而有變通，羅馬教會也不再能保持國際性的統一形式。新教運動的原始動機是糾正教會的弊端，特別是贖罪券的出售，自從印刷術應用到大量的印刷贖罪券以後，出售贖罪券成為一種謀利手段。與此同時，新教徒也利用印刷的小冊子、傳單和布告欄等方式，廣泛傳播其觀念和主張。

如果沒有印刷術，新教的主張可能仍僅限於某些地區，而不會形成為一個國際性的重要運動，永遠結束教士們對學術的壟斷、克服愚昧和迷信，進而促成西歐社會早日脫離「黑暗時代」。

在印刷術出現以前，雖然已有民族文學，但印刷術對民族文學的發展影響極為深遠。西歐各民族的口語在十六世紀之前皆已發展為書寫文字，逐漸演進成為現代形式，同時一些中世紀的文字已在這一過程中消失。一度成為國際語言的拉丁文也日漸式微。新興的民族國家大力支持民族語文的統一。與此同時，作者們在尋找最佳形式來表達他們的思想；出版商也鼓勵他們用民族語言以擴大讀者市場。

在以各民族語言出版書籍越來越容易的情況下，印刷術使各種語文出版物的詞彙、語法、結構、拼法和標點日趨統一。小說出版廣泛流通以後，通俗語言的地位得到鞏固，而這些通用語言又促進各民族文學和文化的發展，最終導致民族意識的建立和民族主義的產生。

印刷促進教育的普及和知識的推廣，書籍價格便宜使更多人可以獲得知識，因而影響他們的人生觀和世界觀。書籍普及會使人們的識字率提高，反過來又擴大了書籍的需求量。

印刷術、火藥和指南針，被馬克思稱作「預告資產階級社會到來的三大發明」。他也對歐洲的歷史發展闡述道：「火藥把騎士階層炸得粉碎，指南針打開了世界市場並建立了殖民地，而印刷術卻變成新教的工具，總結來說變成科學復興的手段，變成對精神發展創造必要前提的最強大槓桿。」

英山縣有個畢昇森林公園

畢昇於一〇五一年（宋仁宗皇祐三年）逝世，與其妻李妙音合葬於今湖北省英山縣。一〇五二年（宋仁宗皇祐四年）二月初七，其子畢嘉、畢文、畢成、畢榮，其孫文顯、文斌、文忠為之立碑。一九九〇年，畢昇墓碑在英山縣草盤地鎮被發現。經中國印刷技術協會、中國印刷博物館籌委會、湖北省文管會等單位委託中國歷史博物館研究員、國家文物鑑定委員會副主任委員史樹青等二十八名專家學者鑑定，確認無疑。

為了紀念這位偉大的發明家，弘揚畢昇文化，英山縣在國家和湖北省文物部門的支持下，建造了畢昇公園和畢昇紀念館，並在紀念館中向世人展示活字印刷文化的博大精深。

在英山，一批以畢昇命名的道路、大橋、廣場、酒樓、學校等如雨後春筍般興起，英山人以各種方式表達自己對這位偉大發明家的敬仰。

第二章

中國達文西燕肅，十年觀潮誕生《海潮論》

《海潮論》不僅以科學方式解釋潮汐現象，也為宋代浙江地區的漁業生產、海上交通建設等發展，做出了重大貢獻。

燕肅出生在一個孤苦貧寒的家庭。六歲時，父親因病去世，母親靠給人家清洗、縫補衣物度日，一家人生活在社會底層，過著貧苦的生活，根本就沒有錢讓燕肅去私塾求學。孤貧的生活，不幸的遭遇，並沒有阻礙他的求知欲望，反而磨練了他頑強的性格。

燕肅少年有志，發憤讀書。沒有書就向別人借，沒有錢便在家中自學。白天工作晚上念書，稍大後就離開了家鄉，一邊給人家打工，一邊拜師求學。

由於他天資聰穎，又勤奮好學，學業日益上進。歷盡了許多艱難困苦，經過了無數身心磨難，在外漂泊幾十年，近不惑之年時，才到了陝西鳳翔，在北宋名相寇準的府上當一名小吏。皇天不負苦心人，經過了千萬個日日夜夜的苦讀，終於在宋淳化年間，也就是燕肅四十六歲的時候，他考中了進士，任鳳翔府推官（按：類似今日的法官），主管司法事務。

淳化五年（九九四年），寇準獲任參知政事（副宰相）。他深知燕肅是一個學問淵博、精明能幹的人，於是一路提拔他。

人權鬥士，完善宋代死刑制度

燕肅顯示了卓越的治理才能，每到一地，燕肅總是先了解輿情刑獄，下察民間疾苦。當時縣衙為了傳訊被告者，設置了幾名衙役，專司此職。而這些衙役下鄉時，經常對原告和被告敲詐勒索，當地百姓最怕的就是官吏借斷獄之事下鄉滋擾。由此必然引起審訊中的徇私舞弊，極易造成冤獄。當燕肅發現時，決定要革除此弊端，卻遭到了來自各方面的壓力，上司和部屬都說這是多年的祖制，不能更改。而燕肅則以關心民眾為由，堅決進行革新。

他頒布新規定「削木為牘」代替衙役。具體做法是：書其姓名於木牘之上，讓原告持此木牘通知被告，如被告不按期到庭，則要受到懲罰，故而審訊時相關人員都能按時到衙，無需專設傳訊人員。相關人員一律按時到縣衙，不再滋擾百姓。燕肅改革了用衙役傳訊產生的害民弊端，受到廣大民眾的擁護。

任職明州（今浙江省寧波市）時，當地居民具有強硬粗暴、輕率好鬥的不良風氣。燕肅下令嚴厲處罰先動手打人的人，後動手的人不管結果怎樣，都會被寬恕。於是打架鬥毆的人漸漸少了，制止了當地居民動手打人的惡習，社會治安大有好轉。在明州歷代知府中，他的到任，極大的開化了明州百姓的思想，百姓們因此把他紀念在名宦祠中。

燕肅後來在處理眾多刑獄時，發現判處死刑，執行斬決的案犯中，有不少冤案，有審判者的主觀臆斷、貪贓枉法冤枉好人，甚至有的代人受死，燕肅覺得這是人命關天的大事，出於愛民之心，他奏請皇帝：「在唐代的時候，凡判處死刑的人，在京師要求五次複奏，其他州要三次複奏，保存了很多囚犯的性命。貞觀四年判決死罪二十九人，開元二十五年死罪才五十八人。而現在天下人口不比唐代多，天聖三年判死罪的卻有兩千四百三十六人，幾乎為唐代的一百倍。京師判死罪只有複奏一次，而各州郡的案件有疑點或情有可憫的，希望能按唐代的成例：各州郡中關押的疑犯，在處以死刑之前，官府必須向朝廷複奏獲得批准，方得施行，使得天下被判死罪的囚犯都可以有一次複奏的機會。」

朝廷採納了他的建議，使地方上獲判死刑可以複奏的制度得以恢復。這對完善宋朝的司法制度，減輕州郡官吏對平民百姓的欺壓，起到了一定的作用。王安石曾寫詩稱讚他「奏論讞死誤當赦，全活至今何可數」，稱燕肅是「仁人義士」。燕肅的一篇奏書救活了許多人的性命，功德無量。

燕肅因自小生活在社會底層，他深知民間疾苦，一生為官清廉，剛正不阿，經常為平民辦事，並因此得罪了當時的許多官員。燕肅進入仕途時年紀已大，四十多歲才經寇準推薦任京官，在龍圖閣待制品級上一待就是十餘年。

「龍圖閣待制」幾乎是個榮譽性的虛銜，燕肅心中糾結，就給當時的青州老鄉、丞相王曾寫了一首牢騷詩，其中說：「鬢邊今日白，腰下幾時黃？」按照宋朝的制度，閣館的官員只能穿皀靴、繫犀帶，必須升遷到學士之後，才由皇帝賜給金帶。王曾也很為這位老鄉抱不平，就跟皇帝說了這件事，不久燕肅被任命為龍圖閣直學士。從虛職掛名的官員變成了實職的領導。

歷史上做過龍圖閣直學士的有很多，但以「龍圖」官職聞名於後世的，只有兩人。一是燕肅，二是包拯——就是那個在開封府的包青天。所以，人們常稱燕肅為「燕龍圖」。

明道二年（一〇三三年），七十多歲的燕肅接替范楓任青州知州（按：宋、明、清朝州級的行政長官），回到祖籍任職。在青州任上，正值當地災荒，朝廷命他兼任京東安撫使，組織賑災救荒。在青州任上僅三個月，又被召回京城，入判太常寺兼大理寺，複任審刑院。康定元年（一〇四〇年）去世，贈太尉。

精通音律，能詩善畫

燕肅多才多藝，不僅為政清明，還具有賦詩、繪畫等各種才能。

燕肅喜歡寫詩，創作詩詞數千篇，但流傳下來的不多，今天能讀到的僅〈僻居〉、〈贈惠山慶上人〉等少數幾首。〈僻居〉是一首五言詩，描寫了作者追求閒居生活的恬然心態。從中可以體會到他的文采：

〈僻居〉

茅茨城市遠，草徑接魚村。
白日偶無客，青山長對門。
藥爐留火暖，花塢帶煙昏。
靜坐搜新句，冥心傍酒樽。

〈贈惠山慶上人〉
陸羽泉邊倚瘦筇，參差台殿映疏鬆。
五天講去春騎虎，一鉢擎來晝伏龍。
像閣磬敲清有韻，蘇庭雲過靜無蹤。
相逢多說游方話，知老靈山第幾峰。

北宋大中祥符五年（一〇一二年）的九九重陽節，幾位從朝廷下廣西任職的官員聚會在一起，到城東小東江畔遊覽，他們分別是：廣西轉運使官員俞獻可、尚書外郎（宋朝最高行政機構尚書省下設的各司副長官）熊同文、侍禁閣門祇候（宋朝廷中掌管朝會、宴享、慶典禮儀的官署閣門司官員）王貞白。他們擺酒設宴，開懷暢飲，又同遊七星岩，興濃之處，由俞獻可用篆書親書題名，鐫刻於七星岩。

六年後，天禧二年（一〇一八年）中元節，俞獻可又與時任廣西提點刑獄（掌所轄地區司法、刑獄，並監察地方官吏）的燕肅同遊七星岩。燕肅興致之餘，以拿手的懸針篆書法，親書題名，刻於岩壁之上。

這兩件篆書題名，是我們現在能看到的刻在桂林的最早的宋代石刻。燕肅在桂林的這件題名，使用了一種新穎、別緻的書體——懸針篆（小篆中的一種）來書寫，此種書法非常獨特，是小篆的另一種風格，屬鳥蟲篆的變體。鳥蟲書體誕生在春秋晚期至戰國早期的一百五十多年中。當時，南方的吳、越、楚諸國盛行鳥、鳳、龍、蟲各種字體，這些字體有的故作波折，有的把字形裝飾成鳥蟲一樣的花紋。它們被刻在青銅器和兵器上並施以錯金（按：在器物表面上鑲嵌金絲）工藝，觀之富麗堂皇，裝飾性極強，是先民對於文字的一種有意識的美化。

在這件石刻中，燕肅將懸針篆作了大膽創新：縱向筆端處如水珠下滴形成針尖狀，給人一種新奇之感。整篇書法在布局上，行列分布勻稱；字體上，對稱規整，體勢修長，運筆剛健含蓄，秀麗典雅。整體上呈現出一種均衡、對稱、靜中取動、和諧統一的美感，明顯具有美術造型的傾向，體現了燕肅獨特的藝術審美情趣。

而在桂林石刻中，除了六、七件唐代小篆作品外，出現了較多的宋人小篆作品，使桂林成為了保存宋人小篆作品最多的地方。在宋代，金石學（按：文字學中主要研究青銅器及石器，特別是其上的文字銘刻及拓片的學問）極為興盛，產生了如歐陽修、趙明誠等著名大家。從石刻中的書法功力來看，燕肅與俞獻可金石學造詣頗高，他們是宋人在桂林留下小篆石刻作品的先行者。

文人畫是中國畫的一種，泛指中國封建社會文人、士大夫所作之畫，與民間畫工、宮廷職業畫家的繪畫相區別，北宋蘇軾稱之為「士夫畫」，明代董其昌稱之為「文人之畫」。文人畫須同時具備人品、學問、才情、思想四要素，大都取材於山水、花鳥、梅蘭竹菊和木石等，以抒發「靈性」或個人抱負，具有較強的文學性、哲學性和抒情性。

燕肅也擅長繪畫，尤其是山水畫，繼承李成的畫風。他作畫時不隨意下筆，總是登山涉水，師法自然，在取得大量素材後才開始作畫。所以，他的畫「妙於真形」。一般認為，唐代王維是文人畫的創始者，而燕肅是文人畫的先驅者之一。

燕肅的畫作傳世甚多，他繪製的〈寒林屏風〉被譽為「絕筆」。在〈宣和畫譜〉中著錄了〈春岫漁歌〉、〈江山雪霽〉、〈小寒林〉等三十多件。而當時的一些重要建築，比如皇宮裡的太常寺（古代掌管禮樂的最高行政機關）、洛陽等地的知名寺院都有燕肅的作品。國外也有他的畫跡，影響頗大。至今仍能看到他的四十餘幅作品。

〈春山圖〉是一幅畫在紙上的水墨全景山水。畫上春山聳秀，溪流板橋，竹籬村舍，流露出燕肅對林泉之樂的嚮往。畫中的筆墨和山水造型，與一般的職業畫家迥異，帶有早期文人畫的形跡。

《宋史》對燕肅的藝術成就評價是：「性精巧，能畫，入妙品，圖山水罨布濃淡，意象微遠，尤善為古木折竹。」畫壇行家說他「澄懷味象，無會神通」，可與王維、李成媲美。

除了寫詩、作畫，燕肅也精通音律，早在鳳翔府擔任推官的時候，有一天寇準宴客，燕肅在被請之列。宴會上表演寇準最喜歡的「柘枝舞」，舞女身姿矯健，節奏鼓聲多變，舞興正濃，彩聲雷動之時，伴奏的鼓環突然脫落，鼓聲戛然而止，舞蹈隨之停頓，眾賓客皆唏噓惋惜。當主人示意找人修理時，大家面面相覷，無人敢應。這時，燕肅自告奮勇，一下就把樂器修好了，眾人看了都非常高興，宴會得以繼續下去，氣氛則更加活躍。與會者也一致讚譽「燕大人學高手巧，多才多藝」。

景祐元年（一〇三四年）十月，宋仁宗下詔令他與知名音樂家宋祁、李隨等一同檢查朝廷中的樂器，整頓樂工。燕肅考察了御用的鐘磬樂器，提出建議：「因為太常寺所使用的鐘磬，都會飾以顏色，而每三年皇帝親自祭祀，則會重新上一次。年代久遠，塗料積層很厚，所以聲律越來越不協調。」於是，朝廷派人將鐘磬歷年塗飾的顏料去掉，全部刷新，之後樂器發出的聲音和諧動聽。

十年觀潮誕生《海潮論》

潮汐是由於月球和太陽對海水的引力，和地球自轉相互配合而形成，在海洋上表現為海水漲落、進退的一種自然現象，也是海水運動的主要形式。

由於潮汐對於沿海人民的生產、生活有著重要意義，我們的祖先很早就認識了潮汐現象，很早就有了關於潮汐的文字記載。古代稱白天為「朝」，晚上為「夕」；於是就把白天發生的海水漲落稱為「潮」，而把晚上的海水漲落叫做「汐」，合稱為「潮汐」。

古時候的人們對潮汐這一自然現象不了解，因而做出了許多荒誕的解釋，多數人迷信神靈，有的把海潮說成是「天河激流」，有的則認為是海神夜叉的威力……但燕肅認為這些說法極不可信。

為了揭開這一自然現象之謎，在廉州任職的時候，燕肅就開始觀察雷州半島一帶的海潮狀況。

到寧波、紹興時又長期觀察了東海的海潮變化，還研究了錢塘江潮湧（按：錢塘江潮因其潮差起落特別明顯，被譽為「天下第一潮」）的形成原因和規律。他利用在沿海州縣做官的機會，在各地進行觀察、試驗，並對各地海潮進行了分析、比較，燕肅先後用了十年的時間，足跡遍及東南沿海，他也曾到過廣東、浙江等地進行實地觀測。終於在乾興元年（一〇二二年）寫出了著名的論著《海潮論》，並繪製《海潮圖》。可惜圖已失傳，論文則保留在宋王明清所撰的《揮麈錄》中。

《海潮論》首先對形成海潮的原因作了論述。它指出：元氣總是一呼一吸的，天隨著元氣的呼吸而一漲一縮，而潮汐也隨之漲落進退。由於太陽是所有陽性事物的本源，而陰性事物又是從陽性事物中產生的，因此，潮汐也從屬於太陽。由於月亮是太陰的精華，而水又屬於陰性事物這一類，所以潮汐便隨月亮的運行而變化。這樣一來，潮汐也就是依陰而附陽，隨日應月的一種自然現象。因此，潮差在朔望日（按：農曆初一與十五日）時最大，在上、下弦日（按：農曆初八與二十三日）時最小，及至下一次朔望日時又變到最大，這也就是潮汐所以顯得時大時小的原因。

在這裡，燕肅用中國傳統的陰陽五行說來立論，當然是不科學的方法，但他已經認識到日月的吸引是形成海潮的原因，並且指出一個月之中朔望日時潮大，上下弦日時潮小，以科學的角度來說，其論點也是正確的。

近代牛頓用嚴格的數學方法，得出了「萬有引力」與太陽和行星，以及行星和衛星運動有關的結論，並透過月亮的引力在地球表面上的差異（即引潮力）解釋了潮汐現象。潮汐是由太陽和月球對地球的引力，與地球自轉所產生離心力的合力作用產生的結果。因為太陽的引潮力比月球引潮力小得多，所以太陽引起的潮汐通常不易單獨觀測到，它只是增強或減弱太陰潮（由月球引力產生的海潮），從而造成大潮和小潮。

在朔日和望日時，月球、太陽和地球的位置幾乎在同一直線上，太陰潮與太陽潮彼此重疊相加，因此導致潮的起落特別大。在上下弦時，月球與太陽呈現九十度，太陰潮被太陽潮抵消一部分，所以潮的起落較小。由此可見，古人應用元氣學說解釋潮汐的成因，與現代的萬有引力有著異曲同工之妙。

潮汐現象在垂直方向上表現為潮位的升降，而在水平方向上則表現為潮流的進退，兩者是一個現象的兩個側面，它們都是由同一規律所控制的結果。這與地震的發生所產生的縱波和橫波有著驚人的相似。

再者，在《海潮論》中，燕肅還對錢塘江潮作了解釋。錢塘江潮高浪湧，聲若雷鳴，號稱世界奇觀。沿海的江河入海很多，為何只有錢塘江入海口的海潮特別大呢？前人未能作出科學的回答，而燕肅在《海潮論》中抓住了泥沙堆積、河床升高這個關鍵問題，**第一個以較**

科學角度的解釋了錢塘江潮。另外，燕肅還根據自己的海潮理論，用生動的繪畫天賦繪製了《海潮圖》。

透過詳盡細緻的觀察，燕肅繪製了寧波的潮汐表和《海潮圖》，《海潮論》中有相當一部分就是由詳細的寧波潮汐表組成的。燕肅的理論對海潮的形成原因作了詳細的論述，對寧波沿海每日潮候推算，達到了當時最高的精確度，潮汐起落的時間會逐日推遲，具體在時間上可能出現快慢進退的小差異，但整個潮水的漲落和大小，是不會錯過固定時間的。這一精確的時刻值，令西方學者驚訝。

《海潮論》和《海潮圖》的問世，不僅是理論上的重大突破，更重要的是對當時的漁業生產和海上交通提供了重要資料，有力的促進了社會經濟發展，造福國家人民。

作為明州知州，燕肅用自己的研究成果，科學指導、促進了明州當時的漁業生產和浙江東部地區的水路交通、水利建設，對明州經濟繁榮和社會發展作出了重大貢獻。燕肅還將自己的研究成果刻在石碑上，以便在百姓中廣泛傳播。

改良古代的計時器——蓮花漏

燕肅對潮汐的精確研究得益於他的另一項重大發明——蓮花漏。

蓮花漏是一種刻漏計時器。在鐘錶出現以前，主要用刻漏計時，早在周朝時中國已經會製造這種儀器。

刻漏是利用滴水記時的原理製成，通常有兩種形式：一種是記錄它把水漏完的「泄水型」，另一種是底部無開口的窗口，記錄它用多少時間把水裝滿的「受水型」。最初這一類型的刻漏只有一個貯水壺，壺中的水漸漸漏完，水面也隨之逐漸降低，進而產生水流遲緩現象，計時便不準確了。

解決這一困難的辦法是在貯水壺和受水壺之間，加入一個或許多個補償壺。但這樣一來所用壺數增加，計時系統就會顯得笨重複雜。

燕肅經過多年實驗，在天聖八年（一〇三〇年），蓮花漏實驗成功。

燕肅發明的蓮花漏比起舊式刻漏有很大的改進，它由上、下兩個水池盛水，從上池漏到下池，再由銅烏（按：連接水池與石壺的器具）均勻的注入石壺，石壺上有一支箭首刻著蓮花的木製浮箭，由於水的浮力，便能觀看目前箭上的刻度，而從刻度上就可以看出現在是什麼時刻和節氣了。根據全年每日晝夜的長短微有差異，又把二十四節氣製成長短刻度不同的四十八支浮箭，每一個節氣晝夜各更換一支。這種刻漏製作簡單，計時準確，設計精巧，便於推廣。

燕肅每到一個地方當官，就把蓮花漏的製作和使用方法刻在石碑上，方便人們使用，並製成樣品推廣。由於蓮花漏的方便性，宋仁宗於景祐三年（一〇三六年）頒布全國使用。

達文西式的科學家

各代的「指南車」是中國古代皇帝出行時儀仗（按：古時帝王、官員外出時護衛所使用的器具）車的一種，數量很少，規格極高，目的是增添皇帝的威嚴與排場。據傳它在黃帝時代發明，到宋朝時製造方法已經失傳了，沒有任何詳細資料；而另一種儀器「記里鼓車」也失傳了。指南車、記里鼓車是中國古代用來測定方向和記錄行程的儀器。指南車又稱司南車，指南車是用來指示方向的一種機械裝置，與指南針無關。

燕肅也擅長機械，所以決心將它們復原。他根據簡單的文獻記載，重新進行設計。終於在宋仁宗天聖五年（一〇二七年），重造了指南車和記里鼓車。

車上有伸出手臂的一尊小木人，不管車子轉到什麼方向，木人的手臂都始終指向著南方。

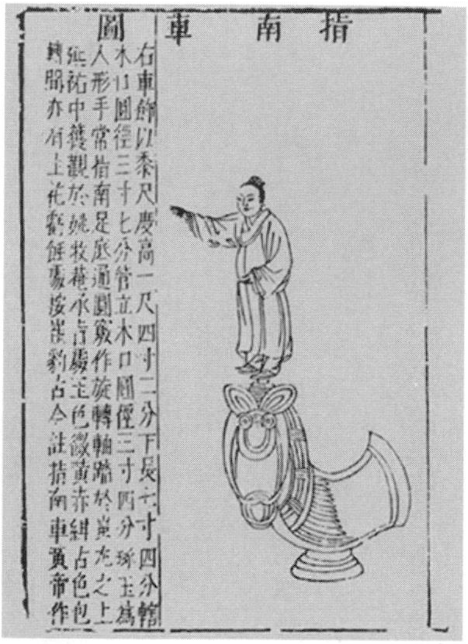

▲指南車。清王圻，《三才圖會》。

指南車的創造，標誌著中國在齒輪傳動和離合器的應用上已取得了很大的成就，是中國古代的一項重要發明創造，歐洲直

▲記里鼓車示意圖。

到十九世紀才發現和運用這一原理，比中國晚了一千多年。指南車和記里鼓車雖然不是燕肅發明的，但他僅根據簡單的文字記載，就能把已失傳且構造複雜的兩件儀器復原出來，這說明，他的機械製造能力是很強的。

記里鼓車是古代一種能夠自動計算里程的機械，它利用齒輪傳動裝置將車輪行走的里程數反映出來，車子每行駛一里，車上木人就擊鼓一槌，這也與現代汽車上安裝的里程表原理是一樣的。

燕肅對欹（按：音同「一」）器也進行了研究。欹器是利用重心原理發明的。「欹」原為傾斜之意，欹器有一種奇妙的本領：容器在沒水時會略向前傾，灌入少量水後，罐身會直立起來，而一旦灌滿水時，罐子就會一下子傾覆過來，把水倒乾淨，爾後又自動復原，等待再次灌水。

欹器早在周朝時就曾出現，據說有一次孔子去周廟參觀，見廟中有個欹器。孔子問道：「這是什麼器物？」守廟的人回答說：「這是欹器。」孔子說：「我聽說這種東西灌滿了水就會翻過去，沒有水就傾斜，灌一半的水正好能垂直正立，真的是這樣嗎？」守廟的人回答：「是的。」孔子讓子路取來水試了試，果然這樣，於是長嘆一聲說：「唉，哪有滿了而不翻倒的呢？」

清朝皇帝讓人在紫禁城裡擺設欹器，正是借欹器「滿則覆，中則正，虛則欹」的特點喻世「滿招損，謙受益，戒盈持滿」的道理，並以此警戒自己，以利於自己的統治。

燕肅不僅博學多藝，而且從不宣揚自己。《海潮論》雖刻在石碑上，卻未曾留下名字，是經過別人考證才知道是他的著作，充分表現了一個偉大的科學家的博大胸懷。

著名科學技術史家、英國人李約瑟曾說：「燕肅是個達文西式的人物。」作為歐洲文藝復興時期的傑出代表，義大利的達文西幾乎是個「完人」。他是畫家、預言家、哲學家、音樂家、發明家、醫學家、生物學家、地理學家、建築工程師、雕塑家。而**比達文西整整早了四百六十一年的燕肅**，則是畫家、詩人、學者、音樂家、科學家、發明家、海洋地理學家、機械工程專家。

達文西試圖把一切對科學有益的東西都納入繪畫，燕肅則更體現了中國古代文人畫家的基本素質。因此，從另一個角度來說，達文西也可以說是個燕肅式的人物。

第三章

聞名世界的博物學家蘇頌，爭得七項世界第一

蘇頌的《本草圖經》開創以藥帶方的醫藥學體例，是藥物史上的壯舉，概念領先歐洲四百多年。

在廈門同安區葫蘆山的南側，有一幢建築，坐西北朝東南，占地面積約一千七百多平方公尺，整座祠堂呈現出典型的閩南建築風格，祠堂前供奉著蘇頌的塑像。這裡便是蘇頌高祖蘇光誨建於五代後晉開運年間（九四四年至九四六年）的府第，蘇氏後世子孫世代居住在此。宋天禧四年（一〇二〇年），蘇頌便誕生在這個地方。

蘇頌的母親，是杭州知州陳從易的長女。陳從易是北宋的一代名臣，曾任荊湖南路轉運使等很多重要的職務。陳從易博覽群書，著有《泉山集》、《中書制稿》、《西清奏議》等書，在當時頗有名氣。由於母親生長於官宦知書達理之家，從小就受過良好的教育，所以母親的言傳身教，對蘇頌的成長都起到了耳濡目染的作用。

蘇頌的父親蘇紳，曾任宜州（今廣西省宜山縣）推官，後來多次擔任中央和地方官職。蘇紳博學多聞，寫得一手好文章。蘇紳對蘇頌更是要求嚴格，並擔起了親自教育蘇頌的責任。蘇頌後來曾在《感事述懷詩》中，回憶父親教他讀書的故事：

> 我昔就學初，髫童齒未齔。嚴親念癡狂，小藝誘愚鈍。始時授章句，次第教篇韻。蒙泉起層瀾，覆簣朝九仞……。

意思是說從小我就對新鮮事物有著強烈的好奇心，父親看在眼裡，他用最簡單的知識教導並開發我懵懂的心靈。父親開始教我誦讀章句，後來給我講授篇章與音韻的知識。這些小時候的啟蒙教育，就像涓涓的泉水湧起了我求知的波瀾，我求知的欲望就像用一筐筐的黃土，漸漸堆起了萬丈的高山……。

書香門弟，塑造出博學少年

無疑，蘇紳是一位很成功的教育家，他不僅重視兒子的早期教育，而且還很懂得如何為蘇頌創造一個優秀的學習環境。在蘇頌十歲的時候，蘇紳到京城任官，他就把蘇頌帶到了京城。在京城，蘇頌開闊了視野，增進了見識。後來蘇頌的父親每到一地任官，他做的第一件事就是要為蘇頌請當地最好的教師，並且讓他的各位叔父、當地的名人子弟與蘇頌共同讀書，以便互相切磋，砥礪前進。

蘇紳雖然對蘇頌施教嚴謹，但他並不一味死守封建規法。當蘇頌反對他的主張時，蘇紳能夠充分考慮年輕人的意見，並改變自己的決定，鼓勵蘇頌堅持正確的做法。因為蘇紳權高位重，按照當時的制度規定，朝廷可以選派他的一個兒子做官。蘇紳就想讓蘇頌來做官，蘇頌聽到後，不僅自己不肯應承此事，還私下奉勸弟弟們一定要立志科舉，以便憑自己的才能考取功名，而不要依靠父輩的庇護為官。

最初，這件事氣得蘇紳大罵蘇頌：「你不僅輕視朝廷的法令，還要教唆兩個弟弟，這是不忠不孝的行為！」可是等蘇紳冷靜下來之後，他又認為蘇頌的決定是勇於進取的有為之舉，內心不禁佩服起兒子的高節操。隨後，他把三個兒子叫來，大大讚揚了蘇頌一番。

蘇頌後來很懷念這段時光，他在《感事述懷詩》中對這一時期進行了詳細的記載，他在詩中寫道：「十三從師友，群彥得親近。箕裘襲素風，蘭芷漸腴潤。」意思是說從十三歲開始，他就有良師在教導，益友在伴讀。最令他開心的事就是常常能夠和那些俊傑之才在一起切磋、討論，在學習的過程中，他不僅繼承了先輩儒雅的風範，而且思想也成長得如蘭芷般高潔豐潤了。

良好的家庭教育以及蘇頌的天資聰穎，使他後來在文獻學、詩歌、散文、史學等領域都是行家裡手。蘇頌更是位「高產」詩人，僅收錄在《蘇魏公文集》中的詩歌就有五百八十七首，且多是律詩、絕句。長律多達一千四百字，可謂「律詩之最」，其中也不乏名篇佳作。治平四年（一〇六七年）至元豐五年（一〇八二年），蘇頌兩次出使遼國，這期間他根據自己的出使路線及所見所聞、所知所感，創作了《前使遼詩》三十首、《後使遼詩》二十八首，詩中詳盡生動的記載了遼國的山川風光、道路交通、農牧特點及風俗民情等。

前、後《使遼詩》就是他出使遼國後寫的上乘之作，詩詞中具有現實主義筆觸和真摯的情感。如〈土河館遇小雪〉中有一句：「人看滿路瓊瑤跡，盡道光華使者行」，細膩的表現了當時為使者送行的盛況和使者的高尚、複雜心理；〈和就日館〉中：「戎疆迢遞戴星行，驛騎奔馳束火迎……每念皇家承命重，愧無才譽副群情。」，寥寥幾筆就生動的記述了遼國使者迎接宋使的情形，同時也反映了詩人憂國憂民、惟恐任務無法完成的心情。此外，如描繪「青山如壁地如盤」的北國風光，「牧羊山下動成群」的勞動景象，「依稀村落見南風」的異國風情等，讀後都能讓人有身臨其境之感。

這兩組外交詩，在宋人詩歌中可謂獨一無二，除文學意義外，更具珍貴的史料價值。後來，他以宋遼外交往來的相關資料為基礎，又編寫了一部名為《華戎魯衛信錄》的書籍，為宋朝外交史留下了大量珍貴的文獻。

為官五十載，卻崇拜自己的部屬歐陽修

宗仁宗寶元元年（一〇三八年），十九歲的蘇頌參加省試。試題為《鬥為天之喉舌賦》，主考官是宰相盛度，盛度對蘇頌的學識十分讚賞，並將其試卷列為上等之作。可是，蘇頌的聞字四聲用錯，被覆核試卷的考官查出，蘇頌故未被錄取。事後，盛度對蘇頌的父親蘇紳說：「賢郎已高中，而點檢試卷者謂以聲聞（去聲）為聞（平聲），為不合格，竟因一字之差未能中第，真乃憾事。」蘇紳聽後，唏噓良久。可蘇頌並未因此事而心灰意冷，他認為考官的做法是非常正確的，對待學術就必須嚴格要求，即使是一字之差也要認真對待。

蘇頌從失誤中總結經驗，吸取教訓，決心勵志自強，以不斷增長才幹。從那以後，他便

奮起學習音韻之學，由於他的孜孜不倦，在訓詁學（按：指傳統研究古書中詞義的學科）中竟然開創了許多新的見解，以致蘇頌成為了宋代最博學的人之一。

在宋神宗元豐五年（一〇八二年），朝廷進行科舉考試，有一個叫暨陶的人，因呼叫他名字的考官對「暨」字的讀音不準確，竟然沒人答應。神宗環顧左右，只見群臣面面相覷，都不知所以然。無奈之下，神宗就詢問了當時也身為考官的蘇頌，蘇頌說「暨」字的讀音錯了，然後給出正確的讀法，按蘇頌的讀音呼叫，暨陶果然出列。神宗很是讚嘆，蘇頌就順便講解了暨姓古代有何名人，生在何地，有何歷史淵源等，滿朝無不嘆服。

二十三歲那年，蘇頌考中了進士，與後來在北宋政壇上叱吒風雲的人物王安石是同榜進士。中進士後，蘇頌便開始了他的仕途生涯。不久，他就被安排在安徽的宿州當「觀察推官」，主管案件的審理工作。在蘇頌二十七歲那年，父親蘇紳去世，享年四十八歲。父親去世時，蘇頌已經被調任為江寧縣（今江蘇省南京市）知縣。為父親守孝期滿後，蘇頌就在當時大文學家歐陽修手下為南京留守推官。

由於他工作認真負責，深得歐陽修的器重和賞識。歐陽修曾和他父親蘇紳因政治見解不同，一度成為政敵，而蘇頌卻能審時度勢，辨別是非，他沒有因歐陽修是父親的政敵而加以仇視，而是選擇站在真理一邊。因為表現突出，蘇頌得到了歐陽修的高度讚揚。歐陽修曾這樣誇讚蘇頌：「凡是蘇頌經辦的事，一定是精確審慎的，我可以放心，不必再檢查了。」蘇頌也非常虛心的從歐陽修身上學到不少學識和做人理政的本領，並尊歐陽修為師。漸漸的，在歐陽修的薰陶下，以及他自身的正直品格，蘇頌養成了謙恭謹慎、廉潔公正的做事風格。這為他後來在長年從政的生涯中，堅持秉正為官、作風穩健，而最終成為一代政績卓越、清廉自律的社稷重臣打下了堅實的基礎。

不久，蘇頌被朝廷提升為淮南轉運使。當時歐陽修已經被貶為亳州刺史，沒想到竟然成了蘇頌屬下的官員。有一次，蘇頌出巡，路過亳州，歐陽修照例率領大小官員，出城迎接上司，歐陽修見到蘇頌，躬身便拜，說：「亳州刺史歐陽修，率屬下官員，恭迎運使大人。」蘇頌一見歐陽修，立即起身下轎，只見他端正衣冠、整理玉帶，下跪叩頭便拜州官，口中謙卑的說：「恩師在上，晚生蘇頌拜見。」

這時候，他隨從的大小官員都覺得非常驚奇，雖不明就裡，也只得紛紛陪同下跪，歐陽修趕快向前扶起蘇頌，說：「蘇大人如此相待，下官怎當得起呀！」蘇頌依然謙卑的說：「這是理所當然的，古語說：『一日為師，終身為父！』蘇頌能有今天，不敢忘記恩師教誨深情，諸位大人請起，我們一同進城吧！」眾官員和百姓們這才明白是怎麼回事，不由得都為他位高不忘師的高尚品德所感動。

在蘇頌的內心裡，他一生都對歐陽修懷有深厚的欽敬之情。歐陽修去世後，蘇頌寫給歐陽修的悼念詩詞就是最好的例證：「早向春闈遇品題，繼從留幕被恩知。何期潁水緘書日，正是椒陵夢奠時。感舊緒言猶在耳，愴懷雙淚漫交頤。誰將姓字題延道，共立門生故吏碑。」詩中表達了他對歐陽修的懷念之情。

超前部署，開倉賑災

由於蘇頌為人處事謹慎沉穩，深受朝廷信任、百姓愛戴，故仕途一路平穩直升。他在出任江寧縣知縣前，江寧縣每年交納的稅收或多或少，這主要是地方官從中偶有「截留」現象造成的，也有的百姓瞞報、漏報人丁和田產。蘇頌到任後，對這一現象特別加以關注。他在平時工作中，詳盡了解老百姓的戶籍、地產等狀況，並一一詳細記錄在案。到了秋天，他首先把自己的屬下教育好，嚴禁官員貪汙，蘇頌也親自到收稅現場監督工作。

有一次，一個老百姓報出自家的收成後，蘇頌突然插話說：「你家還有一個男丁和其他田產，你怎麼『忘記』報了？」該百姓說：「我沒有『忘記』，而是我報的多，官家就收的多，往年都這樣，所以我不敢報。」在場的官員一聽，知道從前的所作所為在蘇頌面前漏了餡，從此就再也不敢「伸黑手」了；一邊的百姓聽了，知道他們的情況都被官府所掌握，也不敢再做假了。

一次，蘇頌奉命送遼國使者返回，走到恩州（今河北省清河縣）夜宿時，驛館突然失火。這時州兵藉口救火，實欲生事，危急中的蘇頌非常鎮定的毅然將他們拒之門外，指揮自己的部下迅速撲滅了大火。蘇頌把情況報告到京師開封，這時宋神宗已繼位，對這件事情宋神宗起初還不太相信，當蘇頌出使回來後，將這件事入奏神宗，宋神宗這才相信，不久讓蘇頌任淮南轉運使（負責淮南路的財賦，有督察地方官吏的權力）。

在淮南轉運使任內，他見到因飢荒造成哀鴻遍野，餓殍遍地的慘景，於是立即上書，為百姓請求救濟：「我聽說近日百姓受災，望朝廷能開倉賑災，如果災民越來越多，想必物價就會飛漲。萬一將來秋天莊稼又是沒有收成，那麼對於百姓來說，就真的沒有安身之所了。這樣下去，沒辦法解決問題，我認為撫恤百姓之法，莫過於先平穩物價，若物價平穩，則和賑災是一樣的道理，百姓常食賤價之米，那麼將來就不會造成流民之患的問題。」他不僅想到荒年中對災民的賑濟，而且還想到賑救後物價如何保持平穩，流民如何歸業安居等，可以說是一位深謀遠慮的政治家。

由於政績顯著，蘇頌很快就被分派在館閣（按：北宋掌管圖書、編修國史之官署）編校文書，成為「京官」，而且一做就是九年。蘇頌一向廉潔奉公，對自己要求相當嚴格。在給皇家校理書籍的九年中，俸祿較低，自己和妻子兒女衣食不足，還要贍養祖母、母親、姑姊妹與外族數十人，但他從無怨言，和這些親人相處得都很好。

一〇六一年，蘇頌要求「外出」為官，並得到朝廷的批准，隨後就被派到潁州出任知州。知州是一州的長官，錢、糧、工、刑等重要職權都由知州掌管。蘇頌擔任潁州知州三年，在這期間，宋仁宗駕崩。為了給仁宗修建陵墓，朝廷向全國發出急令，要求各州府按照朝廷出列的單子徵集財物。

徵調物資十萬火急，很多地方官員也乘機敲詐勒索，都想發一筆橫財，以致百姓們怨聲載道。見此情景，蘇頌立即上書朝廷：「仁宗皇帝的遺詔中，要求皇陵建設一律從簡！現在按照朝廷的指定徵集物資，有的物資本地根本不出產，而朝廷卻要強行徵集，這不是強行給百姓增加困難，讓百姓對朝廷心生不滿嗎？」

蘇頌一邊上書為百姓請命，一邊採取變通的辦法：凡是潁州本地有的物產，他就按照聖旨徵收；如果本地沒有的，他就以政府名義向別的地方採購。結果，不僅任務完成了，老百姓還不知不覺幫了忙，百姓知道以後，都感激蘇頌愛民如子，對他更是百般愛戴。且當時各地都在爭修寺院，皇帝也濫賜匾額，這又極大的加重了百姓經濟負擔。蘇頌挺身而出為百姓請命，請求對違法而建的寺院逕行拆毀。

元豐年間，實行改革官制，這項舉措是神宗與王安石的改革措施之一。元豐四年，蘇頌被皇帝召回吏部做改革官制的工作。他積極參加了官制改革，在革除宋代官、職和差遣的弊病方面，做了大量有益的工作。宋代的官職分為：官、職、差遣。寄祿官（按：宋代的一種官階，有官名有待遇，但沒有實際職事），相當於現在的行政官員，宋代官名和擁有的實權大多數情況下是無關的，部分有實權的官又叫做職事官，用以區別寄祿官。

職則是指館職（昭文館、史館、集賢院，祕閣等的職位），加上些虛銜如大學士，學士等，來表示高級文官的清貴地位。差遣才是真正的職權所在，一般都帶有「判、權、知、直、監、提舉、提點」等字，理論上算是臨時性的職務。

光有官名而沒有差遣，就好比今天的處級科員一樣，待遇上去了但毫無實權。只有差遣為實職，可行使權力。這樣就造成了官稱與實職不相符，機構混亂，冗員過多等弊病。

蘇頌在這方面提過許多具有建設性的意見，他提出把發放青苗錢（按：青苗法為王安石變法的重要組成部分，發放貸款給農民，並收取較低的利息）的提舉常平司，歸各路轉運使管轄，如此才不會導致政出兩門的情況發生，出現使州縣長官無所適從的狀況。

為增強國防力量，蘇頌也支持王安石改革軍制的新法，新法主要推行省兵法、將兵法、保甲法和保馬法。省兵法：「即簡編併營，裁減老弱殘兵」；將兵法：「即改變兵將分離的情況，使武將對所率部下有統御之權及指揮作戰之權」。

為了依法行政，不惜違抗皇命

宋神宗熙寧年間，為了拉攏人才、聚集力量推動變法，王安石請求神宗破格提拔一位名字叫李定的地方官員來助他變法，神宗一口答應了，然後下旨命擔任中書舍人（按：輔佐皇帝的高級祕書官）的蘇頌起草「破格」提拔任命書。蘇頌接過聖旨一看，這種提拔顯然不符合破格的條件，就把神宗的聖旨封好，並說明原因，原封不動的給退了回去。

神宗見狀，就把聖旨再次發到中書部門，命輪流值班的宋敏求（按：北宋文學、史地學家）起草。結果，宋敏求也覺得不符合破格規定，也將皇帝的聖旨封退了。經王安石的強烈要求，神宗第三次將聖旨發往中書部門，結果又被輪流值班的第三位中書舍人李大臨封退。三名中書舍人一致表示：「寧可被撤職，也不做這種違反程序的事！」

聰明的神宗感到這種辦法可能行不通，就乾脆直接召見蘇頌，向他一再表明破格任用李定，「不是違背法令的事情」，指令蘇頌「速速擬定草案」。但蘇頌聽後，無動於衷，就是不動筆。宋神宗見軟的不行，就來硬的，說道：「這一份任命詔書，這麼長時間都沒有製作出來，作為臣子如此拖延朝廷大事，按照法令，這難道不是有罪的嗎？」蘇頌卻不卑不亢的說道：「堅持祖上的規制，這才是為臣的操守！」聖旨就這樣無聲無息的被第四次封退。

儘管如此，宋神宗也並沒有氣餒——他想出一個辦法，派宰相曾公亮去勸說蘇頌，以趕快擬定任命書，加快改革的進度，可是沒想到，聖旨又照舊被蘇頌給退了回來。這下，宋神宗可是忍無可忍了，他龍顏大怒，大聲斥責道：「輕侮詔命，翻覆若此，國法豈容！」於是，就將蘇頌、李大臨、宋敏求等三人「中書舍人」的職務給一一撤銷了。蘇頌重新回歸到工部任郎中。

雖然被撤職，但蘇頌一直覺得自己的做法是正確的，他幾次拒絕草詔，也都有自己正當的理由：第一，破格提拔李定違背朝廷法令，而官吏的任命是必須依法而行的。第二，李定不夠破格提拔的標準，此人為官很平庸，從來沒有優良的政績，朝廷絕對不能因為有人推薦，就破格提拔。第三，他認為完全可以先做一般性的提拔，放在皇帝身邊考察一段時間，如果真有奇謀高才，再破格提拔，委以重任也不遲。

蘇頌的這些意見雖然不稱皇帝的心意，但卻十分誠懇，對國家法制的遵守與建設也是十分必要和有利的。這就是北宋歷史上著名的「三舍人事件」。

惠愛於民，引入最早可飲用的自來水

蘇頌被撤職不久，又被重新起用。熙寧六年（一〇七三年），他被派到安徽亳州擔任知州——這是他一生中第三次到安徽擔任地方官。

在安徽，有個大戶人家的女子因犯法而被判處杖刑，但她卻生了病，不能受刑。十天之後仍然沒有痊癒，當時的地方官員鄧元孚就對蘇頌說：「您如此高明，不能被一個小女子欺騙，告訴醫官依法檢察，不就行了嗎？」蘇頌聽了，對鄧元孚說：「任何事情都有公道，如果告訴醫官，醫官自然會根據官府的意思行事，那在言語的輕重上，就必須拿捏恰當，如果這個女子因為我們下令強行檢察，而導致病情加重或致死，我們這樣做難道能心安理得嗎？」後來那個女子病死了，蘇頌的話果然是有道理的，鄧元孚對此事非常慚愧，更加佩服蘇頌的胸襟。

不久，蘇頌又被加官為集賢院學士，當時身為副宰相的呂惠卿深受宋神宗信任，呂惠卿對別人說：「蘇頌是我的同鄉，比我早登進士，如果來見見我，他就可以執掌政事了。」蘇頌聽說這話以後，只是笑了笑，並沒有去巴結他。這時恰遇到三次赦免，與蘇頌一同罷去中書舍人的李大臨又官復原職，蘇頌被任命祕書監一職。不久杭州地區發生了災荒，宋神宗認為蘇頌仁厚，就派蘇頌去杭州。

蘇頌來到杭州後，有一天，衙門外一百多人向他哭訴，原來他們是因為欠了官債被關押起來的。蘇頌聽後，思索片刻，說：「我把你們都放了，讓你們回家去賺錢，條件是除衣食之外的餘錢都交來償債，給你們一個月的時間，這樣可以了吧？」果然不到一個月，這些人都按期償付了欠債。

在蘇頌擔任地方官的時期，他總是關心民生，體恤百姓，盡其所能的「惠愛於民」，以致神宗皇帝對他讚賞有加：「蘇頌仁厚，必能安撫民眾。」

蘇頌以民為本的思想及關愛百姓的情懷，還反映在了他所創作的不少詩歌之中。如他因暴雨肆虐、農田受災而哀愁，他寫道：「……滂沱連月雨，愁嘆斯民病。已紊四時和，更傷群物性……甕麥將萎摧，況值風威勁。我願天地心，慎舉陰陽柄……庶令疵沴消，永保寒暑正。無復三月中，慘慘行冬令。」在〈次韻王伯益同年留別詩〉中，他對百姓的摯愛之情更是溢於言表：「直向歲寒期茂悅，肯同時俗論甘辛。優遊且做江南令，惠愛於民此最親。」

實際上，蘇頌在處理宋朝政府事務時，總是顯示出他作為一個科學家嚴謹治學的行事風格。例如在擔任江蘇省江寧知縣期間，他清查富戶漏稅的行為，不僅核實了每家每戶的莊稼產量，而且還把每家每戶都一一編成戶籍，並按冊進行收稅，這樣既增加了國庫收入，又減輕了窮人的負擔。

在他被調任穎州任知州，朝廷開始修建皇陵，並從各州縣調撥大批物資時，各州縣官員們想到的只能是不斷給百姓增加捐稅，這也就給那些腐敗的官員們創造了從中大撈一把的機會。可是，蘇頌不但沒有侵擾穎州百姓，還從州庫中撥出官款來救濟百姓。

擔任南京留守時，他也秉持「為官一任，造福一方」的做事風格，十分注重當地的水利設施建設，在對開封府界諸縣鎮視察後不久，馬上奏請疏通自盟、白溝、圭河、刀河等四條河流，以防水災；在滄州時，疏通溝河、支家河等工程，解除黃河氾濫給百姓帶來的災難；在杭州知州任內，將鳳凰山的泉水引入市區，這恐怕是當地最早飲用的「自來水」了；在淮南轉運使任內，鹽價上漲，又剛好發生飢荒，蘇頌不僅降低鹽價，還上書為百姓請求救濟。

兩次出使遼國，寫下五十八首《使遼詩》

在處理民族關係方面，蘇頌也取得了很好的成績。在五次外交事務中，蘇頌或官大或官小，但他從不因職務的差別、地位的尊卑而影響他行事的風格，總是能夠遇事鎮靜、隨機應變，對於每次出使他都不辱使命。

蘇頌一生兩次使遼，每次出使遼國往返時間多達四個多月；三次擔任接待遼使的伴使，蘇頌首次出使遼國，是在宋英宗治平四年（一〇六七年），時年四十八歲，途中他寫下《前使遼詩》三十首，主要記述他的所見所聞，及抒發對老友的懷念之情。

蘇頌第二次出使，為十年後宋神宗熙寧十年（一〇七七年）八月，他以龍圖閣直學士、給事中（祕書監兼集賢院學士）身分，和英州刺史姚麟等一同出使遼國，參加遼道宗的生辰慶典。往返途中寫下《後使遼詩》二十八首。由於時過十年，舊地重遊，感慨萬千，不僅記述了遼國隆重的接待，而且用大量篇幅描繪了在和睦友好相處下，遼國人民悠閒、安逸的生活，歌頌和平睦鄰政策的可貴與正確。

在出使遼國期間，他還不忘搜集整理關於遼國的政治制度、經濟實力、軍事設施、山川地理、風土民情、外交禮儀等資料，並根據宋遼兩國的實際情況，提出了與遼朝和睦修好的政策，由此堅定了宋朝對遼推行友好政策的信心，換來了數十年的宋遼和平時期。

回國後，蘇頌根據自己對遼國政治、軍事、社會等方面的認識，為朝廷的外交決策建言獻策。對此，《宋史．蘇頌傳》有所記載，當皇帝神宗問及遼國的「山川、人情風俗」時，蘇頌認為：「彼講和日久，頗竊中國典章禮義，以維持其政，上下相安，未有離貳之意」，意思是說遼國和中國講和已經很久了，他們不僅懂得中國的典章禮儀，而且還對禮儀大力推行，目的是為了維持他們的政權，以求得上下相安，到目前為止，我還沒有看出遼國和我國離心離德的意思。

他認為只有宋、遼兩國繼續和平相處下去，才能社會穩定，國泰民安。並根據宋、遼兩國的實際，提出與遼朝和相處好的外交政策，深得皇帝的賞識與贊同，堅定了宋朝對遼推行友好政策的信心。

保護百姓利益，不怕丟官，不怕殺頭

宋神宗元豐二年（一〇七九年），國子博士（按：宋代學官）陳世儒被從京都開封派往安徽太湖擔任知縣，但很快就被召回京城，連妻帶妾及傭人，一家共十九人被殺頭，七人被判處死刑緩期，原因是謀害親生母親張氏，其手段殘忍，先施以毒藥，後用鐵釘釘在腦門上；而謀害張氏的直接原因，是陳世儒的妻子李氏對一群傭人說：「世儒如果哪一天回來持喪，必定會重賞你們的。」

子女謀殺長輩，在宋朝被視為「大惡不赦」的罪行，按照法律規定，將被處梟首示眾（棄市）。陳世儒夫婦的「謀殺生母」案件，很快被移送到開封府知府蘇頌的案牘上。

宋神宗認為陳世儒與妻子李氏可能合謀殺母，指示一定要查清楚，蘇頌則大膽諫言，告誡宋神宗不應該以權干預司法，弄得宋神宗一時語塞。蘇頌審理這一案件後，認為陳世儒的妻子李氏、女傭高氏謀殺張氏的事實存在，但陳世儒「不知情」；在那個年代，雖然妻子犯罪丈夫有責，但「法不至死」。

正當此時，有人告了蘇頌一狀，說他此前在處理一起僧人犯法案件時量刑過輕，有「故縱」的嫌疑。一名大臣將此事告到皇帝那裡。經查證，僧人犯罪確有其事，而量刑過輕也是事實。就這樣，蘇頌被貶到濠州（今安徽省鳳陽縣）當知府，由京官降為地方官，遠離了陳世儒這起案件。之後此案件被移往大理寺，案情也越來越複雜了。

隨著事態的不斷擴大，陳世儒案竟然變成了一樁政治案件，涉及層面之廣，牽涉人物之多，令人咋舌，就連陳世儒案最早的主審法官，堅持陳世儒無罪的蘇頌也未能倖免。

蘇頌當時被關在御史臺監獄。其間，神宗皇帝曾召見他，語重心長的說：「陳世儒夫婦謀殺生母，屬於嚴重違反人倫道德的大惡，應當嚴處。」蘇頌回答道：「案件現在已經被移交到御史臺，臣對此固然不敢說從寬處理的話，但也絕不敢說可能導致案件從重處理的意見。」面對皇帝，蘇頌照舊闡明其實事求是的態度。

大理寺官員提審蘇頌，說：「你還是早早說出來吧，免得多受困擾。」蘇頌正色說道：「該說的，我都說了；要我說本來沒有的事，不是誣陷嗎？誣陷別人，我是死也不會幹的；誣陷自己，那倒沒什麼妨礙。」後來經大理寺查明，在審理陳世儒案件時，蘇頌並沒有受到任何干擾。可事已至此，蘇頌依然莫名其妙的被關押著。

此時，蘇頌自嘆：「失勢我如魚在網。」並寫了十首詩，其中有這樣的詩句：「構虛為實盡枝辟，直道公心自不欺……況是聖神方燭理，深冤終有辨明時。」他認定陳世儒案中是有冤情的，並堅信這一冤情遲早能得到辨明。蘇頌感慨的說道：「我將這些事寫成詩，並不指望後人把它當詩歌看，而僅僅是希望傳給子孫，讓他們略知仕宦之途的艱辛。」

蘇頌為了維護正義，主持公道，保護百姓利益，他不怕丟官，不怕殺頭。蘇頌因陳世儒一案下獄，與當時因詩詞受到牽連的蘇東坡關在一起，僅一牆之隔。鐵窗生涯使他體驗了封建法制的逼供與嚴苛，這對蘇頌的法律思想有極深刻的影響。後來蘇頌在他的文集中，留下了《論胡俛罪名》、《同兩制論祖無擇對獄》、《奏乞春夏不斷大辟》等二十多篇專論法律的文獻，和兩組身陷囹圄的詠法詩，在這些奏議與詩歌中，他充分闡述了自己對法律的看法和對宋代法濫吏苛的不滿。

他提出的「簡化條文，使民易知」、「省刑減殺，勸教為先」、「因時而施宜，視俗而興化」等有關法律的主張，雖然是為了鞏固宋王朝的統治，但在客觀上更加有利於民眾，也更加有利於生產發展，值得後人借鑑並進行深入研究。

一〇九二年，蘇頌因政績突出，被升官右宰相，這也是他政治生涯的顛峰。蘇頌做了宰相之後，他的原則是按照國家的典章制度辦事，讓文武百官都要守法遵職。根據官員們的能力大小授以相應的職務，杜絕僥倖升官的源頭，防止邊疆上的一些重臣邀功生事。朝廷上如果有處理不妥當的事情，他就會力爭糾正過來。

一〇九三年，蘇頌因為替一位敢向皇帝進諫的官員說話，而被其他官員作為攻擊對象，蘇頌就向宋哲宗上章辭相，後來被降為觀文殿大學士閒職。一〇九五年，宋哲宗又要調蘇頌去河南，此時他已經是七十五歲的高齡。蘇頌因身體的原因上書辭官。朝廷就讓他以太一宮使的閒職留居在京口（今江蘇省鎮江市）。一〇九五年，蘇頌再次要求辭官還鄉，被准以從二品的待遇退休。

蘇頌從中進士起到告老還鄉，度過了五十多年的官場生涯。在這五十多年中，北宋皇朝經歷了多次的黨爭。宋神宗在位的時候，任用王安石為相，主持變法。第二次則是宋神宗死後，宋哲宗繼位，年僅十歲。因皇帝幼小，朝中大事實際上由神宗母親高氏（即宣仁皇后）臨朝聽政。

這個時期，變法時期的重要人物全都被罷免，新法全部廢除。第三次則是宣仁皇后去世，由哲宗親政，哲宗任用變法派的一批重要成員，準備繼承宋神宗時期執行的新法。但事實上，變法派與反變法派，只是陷入了個人恩怨的鬥爭中。蘇頌在這樣一個政局並不穩定的歷史時期中，始終未參與這種黨爭。作為一個實幹家，他也未曾對新舊兩黨的政治主張發表過戰略性的意見。

一一〇一年，蘇頌在潤州（今江蘇省鎮江市）去世。宋徽宗下詔停止上朝兩天。蘇頌死後，很多人來他家弔唁，當人們看到他家中樸素的設施，無不心生敬佩。

蘇頌的一生，不僅政治清廉，愛民如子，道德高尚，志存高遠，而且具有創新開拓精神，敢為天下先。為官五十載，以政治家立身，位居人臣之極——丞相；他恪守法規，不奸不貪，兩袖清風，堪稱官宦的楷模。就連強調個人道德品行近乎苛刻的南宋著名理學家朱熹，也對他盛讚、仰慕不已。

《本草圖經》增添六十多種新藥，很多來自民間

宋仁宗皇祐五年（一〇五三年），蘇頌調升擔任國史館集賢院管理員，在這任職的九年時間裡，由於工作的便利，他每天都能接觸到皇家收藏的許多重要典籍和資料，其中有不少稀世珍本。蘇頌對這項工作相當滿意，對這些資料他也非常感興趣。由於他從小受到嚴格的教育，故養成了珍惜時間、刻苦學習的良好習慣。

蘇頌的博聞強記，已經達到典故時間可以日月不差的程度。就這樣，他以驚人的記憶力，每天背誦兩千字文章，回家後再將它默寫並記錄在案，以便保存下來。經過長期的累積，蘇頌的學識變得越來越淵博。後來在《宋史．蘇頌傳》中，就稱他精通「經史、九流百家之說，至於圖緯、律呂、輿修、算法、山經、本草，無所不通，尤明典故」，可見一斑。

在這九年中，蘇頌還與掌禹錫、林億等人編輯補注了《嘉祐補注神農本草》（簡稱《嘉祐本草》），校正出版了《備急千金要方》等書。為了改變當時本草書中混亂和出現錯誤的現象，他建議：「諸州縣應將產藥的地區詳加記載，並命令會識別草藥的人仔細辨認草藥的根、莖、苗、葉、花、果實，形色、大小；還有蟲、魚、鳥、獸、玉石等能夠入藥用的材料，然後逐件畫圖，並一一說明開花、結果、收採時的月分及所用功效。」這個建議得到了朝廷的採納，朝廷委任他編撰《本草圖經》。經過四年的艱苦努力，在嘉祐六年（一〇六一年），

蘇頌編撰完成了《本草圖經》二十一卷。

《本草圖經》在藥物學上具有重大的價值，當時**唐朝《新修本草》的藥圖和《天寶單方藥圖》以及韓保升《蜀本草》的藥圖都已經不復存在了。《本草圖經》在這種情況下誕生，可見其意義更加重大。**《本草圖經》一書不僅對藥性配方提供了依據，而且對歷代本草的糾正錯誤作出了新貢獻，特別是使過去無法辨認的藥物可以透過此書確認無誤。

如牛膝，《神農本草經集注》說：「其莖有似牛膝，故以為名。乃云有雌雄，雄者莖紫色而節大。」乍一看，很難判斷出這是什麼植物。《本草圖經》則寫得十分具體：「春生苗，莖高二、三尺，青紫色。有節如鶴膝，又如牛膝狀，以此名之。葉尖圓如匙，兩兩相對於節上，生花作穗，秋結實甚細。」

這樣，人們就完全可以根據葉子如匙形、細實穗狀花、節部如牛膝三大特徵，斷定為莧科植物牛膝。又如「貝母」一藥，《神農本草經》中記載貝母可以當作藥材來用，但並沒有記載它的形態特徵。《唐本草》記載貝母的形態為「葉似大蒜」，但語焉不詳。而《本草圖經》則這樣記載：貝母「根有瓣於黃白色」，「二月生苗莖細青色，葉亦青似蕎麥葉，隨苗出，七月開花碧綠色」，描述得既具體又易於辨認。在其中的「甘草」條中，不僅描述甘草的形態特徵，還記載了《傷寒雜病論》中有關甘草的配方與治療病症。

蘇頌在編撰《本草圖經》的過程中，非常重視各地所報材料中的民間實際醫療經驗。**這部書與前代的本草著作相比，增加了六十多種新的藥物**。這些藥物大多數是各地民間發現的有效藥物。為編寫《本草圖經》，蘇頌還帶領相關人員進行了全國性的草藥普查，這樣無形之中就擴大了藥源。例如「菟絲」，過去從朝鮮進口，現在知道在山東菏澤等地竟然也產此藥。「奚毒」從前的資料記載只有河南嵩山有少量出產，而從提供分析的樣品中才知道原來四川也有生產。

在校正醫書的期間，蘇頌也徵集了大量的醫書，其中有不少寶貴的珍本、善本，還有一些其他類的好書。中醫藥學本身就具有博物學的性質，更何況要從事中醫藥學，就必須參考大量的醫書和其他的相關著作，所以，蘇頌利用自己的有利條件，在《本草圖經》中記錄了一些已經失傳的重要醫書藥方，這不僅保存了一些重要的醫學文獻，在人類的文化史上還具有珍貴的文獻學價值。

例如書中引用了一部分漢晉隋唐各代的醫方，在人參的章節，引用了漢代張仲景治療胸症的理中湯；南北朝的胡洽用來治療霍亂的溫中湯、四順湯等藥劑。四順湯在晉朝葛洪《抱朴子》和唐朝王燾《外臺祕要》所引用的《小品方》中都有記載，說明它在六朝時對治療霍亂有很重要的作用。

此外，**《本草圖經》還十分重視藥物的實用性，把藥物和方劑（處方）緊密的結合在一起，進行分析、綜合對比。**在《本草圖經》問世以前，雖然六朝和唐代的醫書藥方很多，也有一些重要的醫藥著作，但是，藥物和處方著作卻是分別著成的，《本草圖經》**是最早把醫藥著作與處方放在同一部書中敘述的醫書。**

在每一種藥物的最後，基本上都附上用這種藥為主要成分的方劑。這些方劑大都包括病因、病位、症候、病程、預後及處方、製劑方法、服法、療效等內容，為後世保存了大量寶貴的醫藥資料。

《本草圖經》開創這種以藥帶方的醫藥學體例，被後世的歷代醫藥學家所繼承。明代的李時珍就受到《本草圖經》的影響，在他撰寫的《本草綱目》中，在每種藥之後，都以「附方」為目，並詳細列舉有關的處方，使人一目瞭然。

《本草圖經》在生物學上也有幫助，如書中對動植物形態進行了準確生動的描述：烏賊魚，「形若革囊，口在腹下，八足聚生口旁，只一骨，厚三四分，似小舟，輕虛而白。又有兩鬚如帶，可以自纜，故別名纜魚。」真切的反映了頭足綱烏賊科動物的特點，使人讀了印象深刻。

而《本草圖經》在礦物學與冶金技術方面更是有一定的貢獻，關於鋼鐵冶煉的工藝過程也有詳細的記載：「初煉去礦，用以鑄瀉器物者，為生鐵；再三銷拍，可做鍱者，為鑐鐵，亦謂之熟鐵；以生柔相雜和，用以做刀劍鋒刃者，為鋼鐵。」這簡要描述了宋代三種鋼鐵的冶煉方法及其不同功用。再比如對煉銀的方法記述說：「銀在礦中與銅相雜，土人採得，以鉛再三煎煉方成。」對「灰吹法」（按：古代將合金分離出銀的方法）煉銀的工藝說：「其初採礦時，銀銅相雜，先以鉛同煎煉，銀隨鉛出。又採山木葉燒灰，開地作爐，填灰其中，謂之灰池。置鉛銀於灰上，更加火大煅，鉛滲灰下，銀住灰上，罷火，候冷出銀。」這也是中國文獻史上關於灰吹法煉銀的最早、最詳盡的記載。

這部書引用了兩百多種文獻，集中了歷代藥物學著作和中國藥物普查之大成，書中詳細記載三百多種藥用植物和七十多種藥用動物或其副產品，並新增藥物百多種，附處方千個，一改過去本草的單純藥物學性質，將其提升到博物學的高度。

明代李時珍撰寫《本草綱目》，便得力於《本草圖經》，他對《本草圖經》不僅讚揚有加，還大量旁徵博引。英國科學家李約瑟也曾評價：「蘇頌是中國古代和中世紀最偉大的博物學家和科學家之一。他在一〇六一年撰寫的《本草圖經》是藥物史上的傑作。」確實，《本草圖經》的成書，是世界藥物史上的壯舉，領先於歐洲四百多年。李約瑟還認為「在歐洲把野外可能採集到的動植物加以如此精確的木刻並印刷出來，這是直到十五世紀才出現的大事」，而十一世紀《本草圖經》就已問世，在同類醫學著作中自然名列前茅。

同時，《本草圖經》一書對歷史地理、自然地理、經濟地理等方面也有記述，該書對動物化石、潮汐理論的闡述，也都在相應學科中占有領先地位。

世上最古老的天文鐘水運儀象臺，歷朝歷代無人能仿造

渾天儀是渾儀和渾象的總稱。渾儀是測量天體球面座標的一種儀器，而渾象是古代用來

演示天象的儀錶，它們是東漢天文學家張衡所製。在繼承隋唐五代以來曆法成就的基礎上，北宋時期的天文技術人員對曆法差失的原因已經有了較為明確的認識，其中認識之一就是認為，日月星辰的運動，隨著歲月的流逝，累積的誤差就會顯現，因此，曆法也就必須做相應的變更。

宋神宗熙寧七年（一〇七四年），皇帝命沈括對舊渾儀進行改造。沈括帶領一批技術人員開始校正渾儀軸，雖然取得了很大進步，但隔年頒行的曆法如《壽元曆》等均不盡人意。沈括上書朝廷，要求製作更精密的觀測儀器。因為觀測資料和推算方法是編制曆法準確度的關鍵，而觀測資料的準確度又取決於觀測儀器的精度。

一〇八六年，蘇頌奉命檢驗當時太史局使用的各種渾儀，他想到沈括的建議，同時他也覺得應該有觀測天象的儀器和渾儀配合使用，於是他向皇帝奏請要研製一種渾儀、渾象和報時裝置結合在一起的大型天文儀器。

雖然有了主持修撰醫書的組織經驗，並且蘇頌兒時就對天文極感興趣，時常把玩家中收藏的渾天儀模型，對曆法也小有研究，十六歲便著有以天文曆法為內容的《夏正建寅賦》；參加進士科考那年，試題為《曆者，天地之大紀賦》，結果蘇頌名列第一。儘管如此，蘇頌內心卻十分清楚，這次所擔當的重大任務，顯然比修撰醫書更為艱鉅。

蘇頌接受這項工作後，首先是四處走訪，尋覓人才。他發現了吏部令史韓公廉通曉《九章算術》，而且也精通天文、曆法。蘇頌立即奏請朝廷，請調韓公廉專門從事水運儀象臺的研製工作。接著，他走出汴京到外地查訪，發現了在儀器製造方面學有專長的壽州州學教授王沇之，隨後他又考核了天文機構的原工作人員。最後，他奏請朝廷把優秀的人員調到天文機構或留在天文機構，以此來協助韓公廉工作。

蘇頌領導科技工作的一大特點就是能深入鑽研業務，力求精通他負責的工作。嘉祐初年編寫醫書時，他就首先研讀了從《內經》到《外臺祕要》的歷代醫藥著作，並親自校訂了《神農本草經》等多種典籍，使自己通曉了本草醫藥知識。

在這次領導研製水運儀象臺期間，他對兩漢、南北朝、唐、宋各代的天文著作和儀器也作了研讀與考察。他還勤於向自己的部屬學習，如向韓公廉請教曆算，親自用尺測量計算日影長短，觀察地動儀和沙漏等。由此，他從一個對天文儀器、機械設計、本草醫藥知之不多的外行，變成了名副其實的專家。

蘇頌對研製工作也是非常謹慎，他認為有了書，做了模型也不一定可靠，還必須做實際的天文觀測，這樣才能進一步向前推進，同時也能避免浪費國家資財。經過多次實驗後，證明韓公廉的設計很精確，於是在元佑三年（一〇八八年）造成木製模型呈進皇帝，並拿到都堂上檢驗。宋哲宗指派翰林學士許將等人進行試驗和鑑定。隔年三月，許將向朝廷報告：「臣等晝夜校驗，與天道不差。」這時蘇頌才開始正式用銅製造儀器。

水運儀象臺的構思廣泛吸收了以前各家儀器的優點，尤其是吸取了北宋初年天文學家張思訓所改進的自動報時裝置的長處；在機械結構方面，採用了民間使用的水車、筒車、凸輪

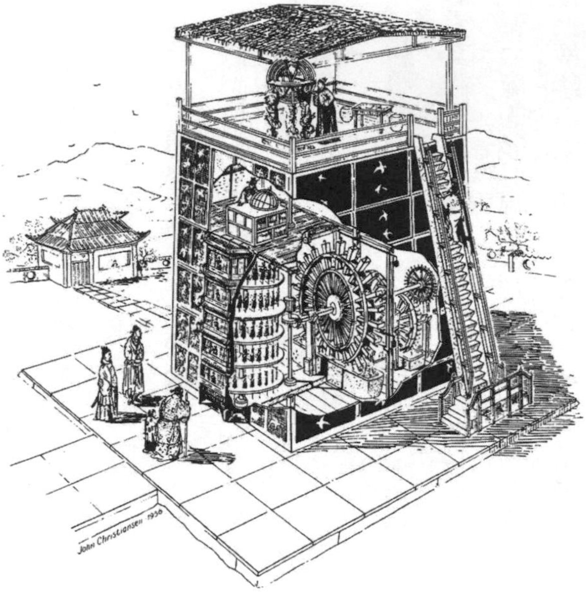

▲水運儀象臺。

和天平秤桿等機械原理，把觀測、演示和報時設備都集中起來，組成了一個整體，成為一部自動化的天文臺。

水運儀象臺是中國古代的卓越創造，其中的**「擒縱器」更是鐘錶的重要零件**。因此，英國科學家李約瑟等人認為**水運儀象臺「是歐洲中世紀天文鐘的鼻祖」**。整座儀器高約十二公尺，寬約七公尺，是一座上窄下寬、呈梯形的木結構建築，其中渾儀等為銅製。全臺共分三部分。上層擺放渾儀；中層是間密室，放置渾象；下層則是報時系統和動力裝置等。

整個水運儀象臺相當於一幢四層樓的建築物，最上層的板屋內放置著一臺渾儀，頂板可以自由開啟，平時關閉屋頂，以防雨淋，這已經具有現代天文觀測室的雛型了；中層放置著一架渾象；下層又可分成五小層木閣，每小層木閣內均安排了若干個木人，五層共有一百六十二個木人，它們各司其職：每到一定的時刻，就會有木人自行出來打鐘、擊鼓或敲打樂器、報告時刻、指示時辰等。

在木閣的後面放置著精度很高的漏刻，以及一套機械傳動裝置，可以說這裡是整個水運儀象臺的「心臟」部分，用漏壺的水沖動機輪，驅動傳動裝置，渾儀、渾象和報時裝置便會按部就班的動作起來。

水運儀象臺是總結、繼承和發展了中國在天文學，以及天文儀器技術方面卓越的科技成就，它把「儀、象、鐘」三者合一，堪稱世界上最早的天文鐘，其中渾儀的四游儀窺管、水運儀象臺頂部的九塊活動屋板、擒縱控制樞輪的「天衡」系統等三項為世界首創，在中國和世界科學史上都占有重要的地位。國際上對水運儀象臺的設計也給予了高度的評價，水運儀象臺為了觀測上的方便，設計了活動的屋頂，這是現今天文臺活動圓頂的祖先；渾象一晝夜自轉一圈，不僅演示了天象的變化，也是現代追蹤天文的器具——轉儀鐘的祖先。蘇頌等人所造的水運儀象臺堪稱中國科學技術史上非凡的創舉，它設計巧妙、結構複雜，尤其在天文學和儀錶製造方面成就更為顯著，同時從水運儀象臺可以看出，中國古代力學知識的應用已經達到了相當高的水準。

蘇頌的水運儀象臺完成後，在開封使用了三十四年。可是，讓蘇頌意想不到的是，在他去世二十多年以後，金兵打下開封，北宋滅亡，水運儀象臺等天文儀器和北宋皇朝的大批圖籍寶物被金兵繳獲，長途跋涉搬到了燕京（今北京）。

金兵把水運儀象臺的零部件都拆了下來，原本想把儀象臺遷運燕京後再重新裝配使用，但由於長途搬運，一些零件已經損壞或散失，又缺少有經驗的能工巧匠，又因開封和燕京緯度不同，地勢差異，重新組裝的水運儀象臺從望筒中窺極星，要下移四度才能見到，連一般觀察也不能進行了。

水運儀象臺毀壞後，其影響依然存在。金與南宋都想再把它複製出來，秦檜就曾派人尋找蘇頌後人並訪求蘇頌遺稿，還請教過朱熹，想把水運儀象臺恢復起來，可是**蘇頌遺存的手稿因無人理解其中方法，以致無人能仿造，複製水運儀象臺的事情，經過歷朝歷代也始終沒有成功。**

一九五八年，中國考古學家王振鐸最先復原水運儀象臺模型，發表《揭開了我國「天文鐘」的祕密》論文，並繪製復原詳圖存世。該復原原件存放於中國歷史博物館；近年主要由蘇州市古代天文計時儀器研究所復原，並送至各地科技館或天文館收藏。

李約瑟在深入研究了水運儀象臺之後，曾改變了他過去的一些觀點。他在《中國科學技術史》中說：「我們借此機會聲明，我們以前關於『鐘錶裝置……完全是十四世紀早期歐洲的發明』的說法是錯誤的。雖然使用軸葉擒縱器的機械時鐘，是十四世紀在歐洲發明的。可是，中國在許多世紀之前，就已有了裝有另一種擒縱器的水力傳動機械時鐘。」

〈蘇頌星圖〉觀測星數比文藝復興時期多四百多顆

為了詳細介紹水運儀象臺的設計和建造情況，蘇頌把水運儀象臺的總體和各部件繪圖並加以說明，這就相當於為水運儀象臺做了一本設計說明書。一〇九六年，蘇頌完成了他的《新儀象法要》一書，而此時他已經是七十六歲高齡的老人了。

《新儀象法要》是一部具有世界意義的古代科技著作。這部不足三萬字的著作，記下了中華民族古代的許多光輝成果，這是中國，也是全世界保存至今的最早、最完整的機械工程圖。正是由於這些圖紙保存至今，現代學者才得以進行研究，王振鐸、李約瑟才分別復原出水運儀象臺。

這部書的首篇是《進儀象狀》，記述造水運儀象臺的緣起、經過，及它與前代類似儀器相比的特點等。正文以圖為主，介紹水運儀象臺總體和各部結構；其中還有唯一的一段不帶圖的文字：「儀象運水法」，講述利用水力帶動整個儀象臺運轉的過程。全書共有圖六十種。這些結構圖是中國現存最古老的機械工程圖，它採用透視和示意的畫法，並標注名稱來描繪機件。透過復原研究，證明這些圖的一點一線都有根據，與書中所記尺寸數字準確相符。

蘇頌在《新儀象法要》中繪製了有關天文儀器和機械傳動的全圖、分圖、零件圖五十多幅，繪製機械零件一百五十多種，其中多為透視圖和示意圖。從這些圖紙和說明文字中可以知道，水運儀象臺樞輪的運轉規律，是齒輪系從六個齒到六百個齒的傳動，每二十五秒落水一斗，每刻鐘（十五分鐘）轉一周，一晝夜轉九十六周，而晝夜機輪、渾象、渾儀也轉一周，這與地球運動是大致相應的。

又例如，透過這些圖紙，我們知道水運儀象臺第一層木閣內是「晝夜鐘鼓輪」，有不等高的三層小立柱，可以按時撥動三個木人的撥片，拉動木人的手臂，到一刻鐘時，木人擊鼓，時初搖鈴，時正敲鐘。而第二層木閣內是「晝夜時初正輪」，第三層木閣內是「報刻司辰輪」……。

要是沒有這些珍貴的圖紙，我們就難以弄清木閣內的機械木人是如何按時擊鼓、搖鈴和敲鐘的。因此，《新儀象法要》中所附的機械圖是了解蘇頌天文著作及其成就的關鍵，同時也是進而釋讀張衡、一行（按：一行禪師，唐代僧人，同時也精通數學與天文學）、張思訓等同類著作的鑰匙。

此外，《新儀象法要》中的〈蘇頌星圖〉也是一項重要的天文學成就，蘇頌在《新儀象法要》中繪有多種星圖，如〈渾象西南方中外官星圖〉、〈渾象北極星圖〉、〈渾象南極星圖〉、〈春分昏中星圖〉……等共計十四幅。

蘇頌為了星圖繪製精確，採取了圓橫結合的畫法。橫圖分成兩段：〈東北方中外官星圖〉是從秋分到春分，〈西南方中外官星圖〉是從春分到秋分。另外，在把球面上的星辰繪製到平面上時，蘇頌發現了失真問題，於是他採用了把天球循赤道一分為二，再分別以北極

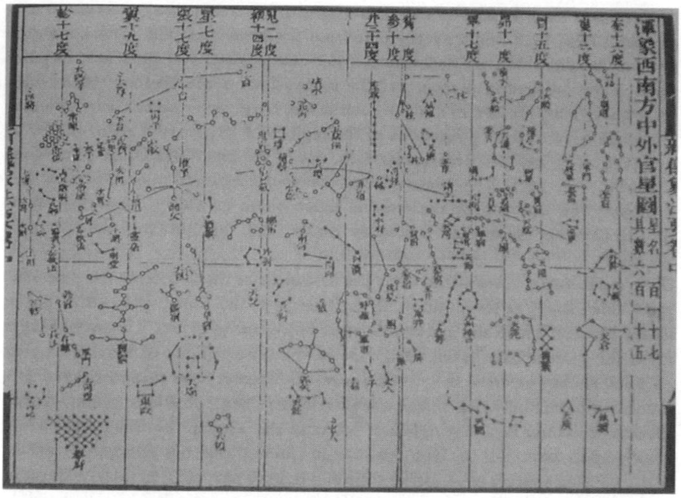

▲蘇頌，〈西南方中外官星圖〉。

和南極為中心畫兩個圓圖的方法，從而減少了失真，這是星圖繪製中的一項新成就。

〈蘇頌星圖〉是歷史上流傳下來的全天星圖中，保存在中國國內的最早星圖。保存至今的唐代〈敦煌星圖〉，在時間上比蘇頌星圖要早，但是被英國考古學家斯坦因（Marc Stein）盜走，現存於倫敦大英博物館。但是，蘇頌星圖比敦煌星圖更細緻、更準確；敦煌星圖繪星一千三百五十顆，蘇頌星圖繪星共一千四百六十四顆；敦煌星圖主要依據《禮記月令》的資料，並非實際測量，而蘇頌星圖則是根據元豐年間的實測繪製。

歐洲到十四世紀文藝復興以前，觀測的星數是一千零二十三顆，比蘇頌星圖少了四百四十一顆，因此，西方的科學史家甚至認為：「從中世紀直到十四世紀末，除中國的星圖以外，再也舉不出別的星圖了。」

同時，《新儀象法要》也是中國現存最早的水力運轉天文儀器專著，它反映了中國十一世紀的天文學和機械製造技術水準。後來李約瑟博士把《新儀象法要》譯成英文在國外發行，《新儀象法要》也成為蘇頌為後世留下的最傑出的著作。

蘇頌精神，爭得七項世界第一

蘇頌本身是一位封建士大夫，晚年又位居高官，但是他熱愛自然科學，把自己的主要精力投入到科學活動中，並且以多方面的優異成績豐富了中國的科學文化寶庫，這在封建社會中是非常難能可貴的。當時的社會風氣，由於受儒家傳統文化的影響，士大夫一般走的是讀書做官之路，讀的是儒家的經典著作，自然科學被視為雕蟲小技，是不受重視的，甚至被看作是「奇技淫巧」。

就連孔夫子自己，當他的學生向他請教怎樣種植糧食，他都會說：「你去問老農吧，我不如老農。」當這個名叫樊須的弟子又來請教怎樣種菜時，孔子又說：「你去問菜農吧，我不如菜農。」

等樊須走了，孔夫子很不高興，生氣的說：「這個樊須，真是個小人。若在上位者重視禮法，則群眾不會不敬業；重視道義，則群眾不會不服從；重視信譽，則群眾不會不誠實。

如果這樣的話，則天下百姓都會攜兒帶女來投奔你，哪用得著你自己種莊稼？」

這說明，儒家對自然科學是不重視的。所以在封建社會中，很多為自然科學做出貢獻的人都是在歷史上默默無聞的小人物，像蘇頌這樣的人物並不多見。

蘇頌之所以在天文儀器、本草醫藥、機械工程圖、星圖繪製上都能站在時代的前列，最重要的原因莫過於他致力於創新的科學精神，而他的科學精神是以全面掌握前人的科學成就為基礎。在天文儀器製造方面，他詳盡的研究了前代天文學家張衡、一行、張思訓等人取得的成就。在仔細研讀過前人的理論後並進行演示，最後繼承了張衡劃時代的創造。

在張衡之後，一行又有了新推進，水運儀象受漏壺控制又能逼真反映天球旋轉，他們開始利用這一點來作為反映時間流逝的新裝置。蘇頌仔細研究了一行的新實驗，並牢牢掌握了這一新方向。張思訓在一行的基礎上又有所前進，他建造了樓閣式鐘、鼓、鈴齊備的報時裝置，蘇頌仔細研究了這臺儀器，繼承了他成於自然，尤為精妙的成就。

蘇頌創新的科學精神最主要表現在他的創造性上。他在掌握了張衡、一行、張思訓的科學成果之後，開始了自己的新里程。他不但要繼承，而且要創新。他把從張衡開始，利用漏壺流水穩定性來控制齒輪系機械傳動，改良成了水運儀象臺的望筒隨天體旋轉的轉儀鐘，並且還設計調整到使太陽輕易出現在望筒的視野中。這樣，只要在黃昏把望筒對準太陽，日落星現後就可以直接測讀出太陽和恒星之間的角度變化了。

蘇頌的一生仕途漫長，官位顯赫，但他在科技方面的建樹遠遠超過了他在政治上的成就，他領先世界的科技水準是他給後世留下的最大財富，也正是水運儀象臺與《新儀象法要》為蘇頌爭得了七項世界第一。

北宋歐陽修稱蘇頌：「才可適時，識能遠慮。圭璋粹美，為異邦之珍；文學純深，當為朝廷之用。」南宋大理學家朱熹則稱：「趙郡蘇公，道德博聞，號稱賢相，立朝一節，始終不虧。」現代英國劍橋大學著名科學史專家李約瑟博士高度讚揚：「蘇頌是中國古代和中世紀最偉大的博物學家和科學家之一，他是一位突出且重視科學規律的學者。」原中國科學院院長盧嘉錫為蘇頌科技館題聯，生動概括蘇頌的一生。聯曰：

探根源，究終始，治學求實求精；編本草，合儀象，公誠首創。

遠權寵，薦賢能，從政持平持穩；集人才，講科技，功頌千秋。

第四章

中國科學家沈括，為石油命名，為十二氣曆定調

沈括是一位博學多才、成就顯著的科學家。早在宋朝時期就以航空拍攝概念，採用「飛鳥圖」繪製《大宋天下郡守圖》。

宋仁宗天聖九年（一〇三一年），在杭州錢塘一個小男孩呱呱墜地了，這個小男孩便是日後大名鼎鼎的沈括。

沈括的父親沈周，常年在外地做官，家裡就只得由他的妻子許氏支撐。沈括的母親是蘇州人，出身書香門第，為人知書達理，賢慧慈愛。沈括自幼就喜學好問，母親便成了他的啟蒙老師，他最愛聽媽媽講故事，比如民間傳說中的嫦娥奔月，夸父追日，牛郎織女……。

沈括稍大一點，許氏便翻出自己兒時讀的《詩經》、《論語》、《春秋》……讓兒子誦讀，她不時會從旁指點、講解。沈括見到這些書開心極了，他徜徉在知識的大海裡，感到新鮮、興奮，因為父母親都出身在書香門第，各類圖書自然很多，無論文獻典籍，還是野史閒書，都讓沈括愛不釋手。在這些書籍中，他尤其喜歡讀天文、地理、醫藥、兵法方面。

讀過東漢王充的《論衡》，沈括明白了天地是「含氣之自然」，而並非神仙世界；天文學家張衡的《汴梁賦》、《西京賦》，文采飛揚、氣勢豪壯，令沈括欽羨不已；沈括更愛讀張衡的天文著作《靈憲》，文章裡講解日月星辰，天地宇宙的奧祕，母親解答不了的許多問題，沈括在書中都一一找到答案。正是因為這些書籍，不僅讓兒時的沈括勤奮好學，養成愛讀書的習慣，還培養了他遇到問題肯動腦筋，實事求是，尊重科學的好品格。

父親遠離家門，常年在外地做官，凡是留下父親足跡的地方，母親都會逐一從父親留下的一份份地圖裡辨認出來，母親想讓沈括透過這些地圖，知道各地的名勝古蹟、風土民俗，以便吸引沈括在地理書中尋覓更多的知識。沈括深深的喜歡上這些地圖，他憧憬著，盼望著自己趕快長大，好跟隨父親到各地去，去看一看各地的大好河山。

沈括的父親沈周自幼喪父，對子女分外愛憐。沈括的姐姐，一個早逝，一個出嫁，只有沈括和他的哥哥沈披留在身邊。但是沈周長年做官在外，沈括出生時他已五十三歲，老來得子，更是疼愛。沈括十歲那年，沈周任泉州（今福建省泉州市）長官刺史。沈周上任時，便帶著沈括兄弟倆一同來到了泉州。

泉州是宋代時期海外貿易的大商埠，處處呈現出一派繁榮的景象。但是，每到黃昏的時候，城門就會緊閉，街頭巷尾看不到一個人影。沈周很詫異。一打聽，原來是沈周之前的歷屆長官一直在泉州實行宵禁造成的。據說宵禁是為了防止海盜劫掠、盜匪偷搶。

沈周赴任後，作為泉州的最高長官，他了解到長期以來宵禁不僅影響了經濟的興盛，還給百姓帶來了諸多不便。在他做了一番調查後，就立即宣布取消宵禁，同時加強治安防範。全城居民拍手叫好，而盜賊也一直未敢侵擾，泉州城從此日夜治安穩定、百業興旺。

上山實地考察，從詩畫中探索科學

在泉州，沈周送兄弟倆進了私塾。有一日，老師在課堂上給同學們朗讀白居易的一首詩詞：「人間四月芳菲盡，山寺桃花始盛開……」。老師讀完之後，少年的沈括眉頭上凝成了一個結。當時，正是四月暮春天氣，庭院中的桃花紛紛謝落，已是「綠肥紅瘦」，這使得小沈括百思不得其解，於是就請教老師：「人間四月芳菲盡，為什麼山寺桃花才開始盛開，這不是很矛盾嗎？」「這個……下課！」老師道。

下課後，這個問題一直旋繞在沈括的心頭。同學們見沈括在思考，也一起討論起來。有個小孩說：「人間桃花謝了，而山寺裡面的桃花正盛開，那是因為山裡住的是神仙。」其中一個小孩反駁道：「山裡住著神仙，應該也是人間啊！」大家一時議論紛紛，可最終還是找不到滿意的答案，「算了，我們還是親自到山裡看看吧。」沈括說道。

第二天，沈括約了幾個小夥伴上山實地考察一番，四月的山上，乍暖還寒，涼風襲來，凍得人瑟瑟發抖，沈括頓時茅塞頓開，原來山上的溫度比山下要低很多，因此花季才來得比山下晚，溫度不同，植物生長的情況也就不同，白居易寫的沒錯！

沈括不僅自己喜歡觀察事物，也對能夠細心觀察的人大為讚賞。歐陽修曾經得到過一幅古畫，花中有一叢牡丹，其下一貓。歐陽修雖是文學家，但是對於繪畫卻不太在行。正巧，他的親家丞相吳育懂得欣賞畫，他就告訴歐陽修說：「此正午牡丹也」，然後說出了一番道理：從牡丹花的顏色、貓眼的瞳孔以及花房收斂等方面道來，入情入理。沈括對此事評價甚高，他讚嘆說道：「此亦善求古人心意者」。

沈括的細心觀察也體現在他對詩詞的見解上。崔護的〈題都城南莊〉，在宋代所傳兩個版本，第三句有不同。據唐《傳奇》中所說，崔護當時寫的是「人面不知何處去」，但覺得意猶未盡，且用語不夠工整，就改成了「人面只今何處在」，所以在宋代流傳著兩個版本。沈括認為當內容和形式有衝突時，當以內容為主，所以就算是在短短的絕句中，出現了兩個「今」，但為了更好的表達，也不覺得有什麼不妥。沈括為此發出感嘆：「所謂句鍛月煉者，誠然不是虛說。」

這讓沈括想起了他在經過磁州（今河北省磁縣）的時候親眼看到鋼鐵的鍛煉過程：選取精鐵鍛打百餘次，每次鍛打都要稱重；每次鍛打以後分量都會少一些，直到多次鍛打以後分量再不減少，這就是純鋼了——也就是鋼鐵的精純部分。

詩人煉字用詞也是這樣的道理，用「鍛煉」來說明詩人尋章摘句過程的艱苦與精煉，一點也不為過，這樣我們才能理解苦吟詩人賈島，為什麼會為了一個字、一個詞而折斷自己好幾根鬍鬚了！

沈括隨父親居住在泉州時，就聽說江西鉛山縣有一處泉水不是甜的，而是苦的，當地村民將苦泉放在鍋中煎熬，苦泉熬乾後就得到了黃澄澄的銅。他對這一傳說很感興趣，於是就不遠千里來到鉛山縣，看到了村民「膽水煉銅」的過程，並把它記錄下來。這是中國有關膽水煉銅的最早記載。

原來在鉛山縣有幾道溪水不是清的，而是呈青綠色，味道是苦的，當地村民稱為「膽水」，膽水其實就是亞硫酸銅溶液。村民將膽水放在鐵鍋中煎熬，就生成了「膽礬」；膽礬就是亞硫酸銅，亞硫酸銅在鐵鍋中煎煮，與鐵產生了化學反應，就產生出了銅。

由於背景的局限，沈括還不能明確的揭示「膽水化銅」的化學原理，但已經闡述了「膽水煉銅」的全過程，同時也記錄了在鉛山周圍有一個規模不小的銅礦。他的記載有巨大的經濟價值，沿著鉛山縣的膽水往北尋找，在貴溪縣果然找到了巨大的銅礦，這座銅礦就是現在江西銅業公司的開採地。如今江西銅業公司的電解銅已經達到年產九十萬噸，產量在中國位居第一，在世界排名第三，江西銅業的發展，常使後人想起沈括有關膽水煉銅的記載。

「石油」一詞的定名者

沈括也非常有環保觀念，很早就指出不得隨便砍伐樹木。有一次，沈括在班固所著《漢書》中讀到「高奴縣有洧水，可燃」這句話，他不解「洧水」為何物，又為什麼會燃燒？後來，他特地對書中所講的內容進行實地考察。考察中，沈括發現了一種褐色液體，當地人叫它「石漆」或「石脂」，用它燒火做飯，點燈和取暖，這才恍然大悟。

沈括經過反覆研究，認為洧水這名字不切合實際，強調是水，可實際上卻是油，**因此他給這種液體取了一個新名字，叫「石油」**。石油這個名字有科學性，容易為人接受，一直被沿用到今天。他當時就想到要用石油代替松木來作燃料，因為他認為不到必要的時候決不能隨意砍伐樹木，尤其是古林，更不能破壞！

發現石油後，沈括開始琢磨：「燃之如麻，但煙甚濃，所沾帷幕皆黑」，石油一燃燒起來就有濃煙，他盯著濃煙，心裡想著煙能不能變為寶呢？掃下煙來，他想製成墨，一試之後，果然效果不錯，所以進行大量生產，還取名為「延川石液」，在當時造成了轟動。

中國最早記述石油與開採方法也來自於沈括晚年的著作——《夢溪筆談》。那是北宋元豐三年（一〇八〇年），當年沈括五十歲，出任陝西延安府太守，在西北前線對抗強敵西夏的入侵。他在緊張的軍旅生活中，仍不忘考察民間開採石油，並在《夢溪筆談》中記錄了石油的存在狀態與開採過程。

沈括在宋朝開始使用石油，並將石油燃燒後產生的煙塵製成了墨，他還寫過一首〈延州詩〉，描述了延州開採石油形成煙塵滾滾的盛景：「二郎山下雪紛紛，旋卓穹廬學塞人。化盡素衣冬未老，石煙多似洛陽塵。」

沈括所記載的「延州石油」如今就是中國著名的長慶油田，目前已是中國重要的能源基地之一。

用科學的精確態度，興修水利

沈括所處的北宋王朝，建立已滿百年。初期因社會穩定、經濟增長而達到了頂峰以後，就開始轉向了下坡路。這主要是因為土地越來越集中到少數大地主手中，農民租種他們的土地，收穫的一點糧食，交租繳稅後就所剩無幾了，這就是農民貧困生活的寫照。

朝廷養兵數目龐大，而官僚也只知斂財。特別是每逢兩、三年就遭災荒的情況，最底層的農民更是苦不堪言。沈括跟隨父親南來北往，讀書遊歷。錦繡山川令他才思日增，社會見聞令他思索探尋。在沈括的心目中，父親是個親民官，他接近民眾，廉潔奉公，只是穩健少露鋒芒，未有驚人之舉。沈括眼見當時的社會，貧富懸殊，豪強稱霸，危機四伏，冤案如麻，不免憂心忡忡。

王安石在詩箋〈河北民〉中，就曾表達過他的感慨：「今年大旱千里赤，州縣仍催給河役。老小相依來就南，南人豐年自無食。悲愁天地白日昏，路旁過者無顏色。」沈括讀過此詩後，深深敬佩王安石的憂國憂民之心。王安石後來向仁宗皇帝上萬言書，主張改革政治，被朝廷重用，當上宰相，成為變法革新的主帥。

青年沈括受父親的言傳身教，遊歷四方的耳聞目睹，再加上王安石的影響，在心田裡播下了改革的種子。他立志要在這動盪不安的年代裡力求上進，有所作為。父親沈周去世後，沈括守孝三年。由於父親的官職，死後蔭子的制度，朝廷任用沈括為沭陽（今江蘇省沭陽縣）主簿。至和元年（一〇五四年）正月，二十四歲的沈括服喪期滿，走馬上任。

主簿是較低階的官吏，相當於縣令的助手。沈括來到沭陽上任後，他不嫌官微職小，執行公務兢兢業業，更不做狐假虎威、欺壓百姓的事。他寫信給朋友說：「做官最低微而勞苦的，莫過於主簿。沭陽方圓幾百里，凡是獸蹄鳥跡所到之處，都有主簿的職責，十件事裡我要做八、九件。忽上忽下，忽南忽北，忙得暈頭轉向，以至於連風霜雨雪、明暗冷暖，也全然不知了。」

沭陽境內有條河，叫沭水，因長期失修，下游淤塞，以致河水漫溢，水災連年不斷，兩岸的田地熟不長糧，荒不長草，百姓生活困苦不堪。沭陽縣令名為全縣的父母官，不但不體恤民情，放賑救災，反而變本加厲，搜括民脂民膏。百姓被逼得走投無路，奮起反抗官府，眼看一場農民起義即將在沭陽全境蔓延開來。

這個情況非同小可，把沭陽縣的上司嚇得手忙腳亂。為平息民憤，掩人耳目，他們慌忙調走縣令，空出縣衙門，讓沈括出來應付局面。沈括早已熟悉當地民情，對這場鬥爭的起因也瞭若指掌，既然在危急關頭派他來代理縣令，他就決定立刻執行安定民心的政策，一方面進行減租，一方面延長交稅的時間。這個政策大快人心，老百姓這才鬆了一口氣，一場風波漸漸平息了下來。

但是，沈括清楚的了解到，只有徹底整治沭水河，發展沭陽農業，才能從根本上緩和農民與官府的對抗局面。於是，治理沭水的工程在沈括的主持下，迅速開展起來了。民眾認知到工程與自己的切身利益緊密相關，都積極參加治水工程。堤壩上，數萬民工浩浩蕩蕩，一片熱火朝天的景象。

沭水的整治工程進行得十分順利，河道拓寬加深，翻起的泥土築成兩道大堤，新開墾良田七千頃。全部工程只用了原計畫的四分之一的時間，提前完工。沭陽面貌由此改觀，農民無不稱頌沈括的德政。

由於整治沭水獲得成功，沈括的才能引起了朝廷的關注。第二年，他便被調到東海（今江蘇省東海縣）代理縣令。到東海後，他繼續堅持興修水利、發展農業的利民之策。當時他哥哥沈披在宣州寧國（今安徽省寧國市）任縣令。在家信中，沈披常向沈括提及治理秦家圩的設想。沈括對此事十分關心，他還特地去哥哥那親自考察了一番。

秦家圩是位於現今安徽省蕪湖境內的一大片圩田（按：指沿著江、河、湖泊周邊低窪地區築堤圍出的農田），本來是屬於一秦姓大戶人家的。圩田是積水的低窪地，只要在環繞四周的築堤岸內設閘門，在圩區內修渠挖溝，縱橫交錯直通閘門，就能做到排水，旱可澆灌，年年也就能確保好收成。但是在北宋初年，一次特大的洪水沖毀了秦家圩的圩堤，從此圩田成為一片汪洋。很多年過去了，修復圩田的建議雖不時有人提起，卻一直遭到反對派的抵制。反對派提出反對的理由是：圩堤把洪水阻攔在圩田之外，逼得洪水沒有歸宿，必然沖決圩堤，釀成水災。

沈括考察過後，他對那些反對派們提出了反駁意見，他說：「圩北大小湖泊綿延三、四百里，圩西和大江相連，洪水來襲，自有去處。圩田攔截洪水份量不大，不會抬高水位。」這時候，又有一個反對派站出來說：「秦家圩的東南瀕臨大湖，堤岸不斷受風浪沖刷，時間一長，圩堤難保。」

而沈括則認為只要措施得當，圩堤是可保的，他堅決主張修復秦家圩的圩堤，並修築附堤，這樣能使堤基加厚，然後在堤上栽植柳樹，在堤底種植蘆葦。這樣一來，再猛再大的風浪經過蘆葦的層層阻擋、緩緩減勢，對大堤也不會構成嚴重威脅了。

還有人提出「蛟龍說」來反對修復圩田：「圩水流出閘門，水過之處底下都有蛟龍潛伏，所以圩堤容易崩潰。」沈括聽後，一針見血的破除了他的封建迷信思想：「圩水流出堤外，在堤岸腳下沖刷出水潭，水潭越沖越大，最終危及圩堤。這哪裡是什麼蛟龍潛伏呢？」更有一些因循守舊的人還藉口圩田修復後，會斷了在沼澤裡採收筊白筍農戶的生路，引起他們的不滿。但其實，筊白筍農戶非常樂於恢復祖輩耕種圩田的傳統，真正反對修復圩田的不是他們，而是那些養尊處優、迷信守舊的達官富紳。

由於爭論的背後有上級官府、同級幕僚以及當地富豪鄉紳在推波助瀾，秦家圩的天空一時間陰霾密布。主張修復秦家圩的判官謝景溫是沈括的表侄女婿。他在縣令沈披以及沈括支持下，呈報江南轉運使張頤，再上奏皇帝，最後終於獲得批准。

沈披精通水利，又有沈括整治沭水的成功經驗。因此，兄弟兩人的論證，理由充足，根據可靠，計畫也就更加周詳。更重要的是，工程順乎民心，一經號召，萬眾響應，八方支持。秦家圩的修復工程在沈括等人的帶動下，進行得轟轟烈烈，如火如荼。

那時正值江南災荒，難民不斷湧入秦家圩，於是圩田工程就採取「以工代賑」的方法，幾日間便招募民工一萬四千多人。從寧國、宣城、當塗等八個縣通往蕪湖地區的路上，趕運糧草沙石的隊伍，車輪滾滾；蜿蜒近百里的大堤腳下，民工的工棚星羅棋布。僅僅八十多天時間，建成一道寬二十公尺、高四公尺，長達八十四里的圩堤。

新堤上，一排排桑樹，數以萬計，長得枝繁葉茂。圩堤內，良田一千兩百多頃，溝渠縱橫，如一方方棋盤。每一頃圩田都有名號，如天、地、日、月……當年收穫的糧食交租三萬六千石，還有菇、蒲、桑、麻等收益五十萬文銅錢，其中四萬文抵付工程投資，其餘均為農戶收入。農民收入大增，紛紛稱頌圩田修復得好。朝廷得報，宋仁宗十分欣喜，將新修圩堤賜名「萬春圩」。

但是，好景不長。萬春圩修成之後不過三年，長江下游又發生大洪水，這次水災情勢嚴重，受淹地域很廣。從長江中游的漢水流域，直到下游的江浙一帶，江水氾濫，房舍沒入水中，難民流離失所，數以萬計。安徽宣州（今安徽省宣城市）到池州（今安徽省池州市）一帶，大小一千多個圩區慘遭淹沒。只有萬春圩安然無損，在大水之中依然綠洲一片，生機盎然。但是，原先一向反對修復萬春圩的官紳們卻顛倒黑白，自以為報仇的時機到了，他們向仁宗之後繼位的英宗皇帝謊報災情，說大水滅頂，都是因為修了萬春圩造成的。英宗昏庸，偏聽偏信，下詔貶謫了張顒的轉運使和謝景溫的判官職銜。

沈括對此憤慨難平，揮筆寫下了《萬春圩圖記》，披露事實真相，以正視聽，並繼續宣導修圩改田一事。後來在他的積極宣導下，規模宏大的萬春圩得到了修築，並開闢出了能排能灌、旱澇保收的良田一千兩百七十頃，同時他還寫了《圩田五說》、《萬春圩圖書》等關於圩田方面的著作。

熙寧五年（一〇七二年），黃河氾濫，滔滔河水衝垮了汴京東北一百多公里處的商胡大堤（今河南省濮陽市）。決口寬八百多米，洶湧的黃河水淹沒大片良田，沖毀民房數萬間，守衛邊防用的戰備糧草器材也損失了八、九成。決堤的洪水如脫韁野馬，直逼汴京的門戶北京（今河北省大名縣），形勢十萬火急。

因沈括對水利工程非常精通，於是皇帝下詔派沈括去疏浚汴河。為了治理汴河，沈括親自測量了汴河下游從開封到泗州淮河岸，共八百四十里河段的地勢。他率領部下從京城東門起，沿河岸直向下游，邊走邊訪問當地居民，探討疏浚汴河的方案，也順便了解兩岸圩田的情況。

汴河的河床應該挖掘多深才算疏浚好了呢？沈括先進行實地試驗。他堵住一角河道，挖盡沉積的淤泥，一直挖到三丈深，發現底下有石板，那是從前疏浚河床時留下的標記。沈括大吃一驚，想不到淤泥把河床墊高了超過十公尺，疏浚汴河是多麼艱難的任務啊！

要清除這麼多淤泥，用人力挖必定費力耗時，有什麼更好的辦法呢？這時，沈括想起了王安石提倡過圩田，辦法就是在汴河水大流急時，故意掘開一段堤岸，讓汴河水把河床的淤泥沖刷到堤外的鹽鹼荒灘上。這樣反覆做幾次之後，既可為汴河清除淤泥，又可造地，變荒灘為良田。

不過，這位治河經驗豐富的著名科學家，在治理汴河的工程時卻碰到了一些難題。汴河地理位置重要，是通向汴梁的一條命脈，而從開封到泗州一段，則是汴河最重要的部分，需要格外重視。疏浚河道，第一步要做的便是進行河道測量。如果是比較直的河道，就容易一些，按照一步約等於一．五公尺的規則計算就可以了。但是沈括發現，汴河的河道地勢高低起伏，而且整條河彎彎曲曲非常不規則，僅靠現有的水平尺或尺規等常規工具，肯定不可能準確測量如此複雜的地形，這可難倒了沈括等一眾大臣。

有人說，大概測量一下就可以了，不用非得那麼準確。但是沈括天生是個認真的人，又長期在做科學研究，養成了嚴謹的習慣，雖然目前困難重重，但他堅決反對敷衍應付。不過一時半刻之間，他們也沒想出好主意，沈括有些著急，沒事就到工地巡視，他看見幾個兒童在河邊上嬉戲玩水。孩子們齊心協力，在小溝裡用沙泥建起一道道小型堰塘，雖然泥水濺得滿身都是，但孩子們玩得很開心。沈括湊到前面，仔細研究孩子們的「傑作」，突然沈括一拍腦袋：「有了！」他趕緊跑回去設計方案。

次日，沈括讓工人們停下所有手頭的工作，轉而集中力量逐段挖通堤外的小溝，把它挖成一條與汴河大致平行的河道。河工們有些納悶，本來汴河就那麼難疏通，不抓緊時間幹正事，怎麼玩起旁門左道了，大家都很莫名其妙，甚至偷偷有些不解和抱怨。但是，沈括一聲令下說怎麼做就得怎麼做，既然叫我們挖小河道就挖吧！

過了一段時間，小河道挖通了，沈括又下令向小河道裡灌水，好讓水都蓄積在靠近泗州一邊的地勢最低平的測量點上。漸漸的，水都流向地勢低的地方，靠地勢較高的小河道便形成了淺涸。沈括再讓河工們在淺涸的地方再築一道堤壩，再灌水，於是又會出現淺涸，如此這般，一段段建立堤壩。

河工們開始看出門道了：「這不就是孩子們玩水的遊戲嗎？」小河道裡的水是靜止、水平的，通過分層築堤壩，河道形成了一個個階梯。然後只要逐級測量各段水面，累計相加各段的高度，它們的總和就是開封和泗州間「地勢高下之實」的實際數字了。

這便是沈括發明的「分層築堰法」。他運用這種方法，測量了汴河下游從開封到泗州淮河岸共八百四十多里河段的地勢，並測出開封比泗州地勢高出十九丈四尺八寸六分（按：約六十五公尺）。沈括取得了汴河這兩個最重要的資料，為七年以後的導洛入汴工程打下了基礎。在此後的四、五年時間內，又取得圩田一萬七千多頃的顯著成績。在計算地勢高度時，其單位竟細到了寸分，可見沈括的治水態度是極其嚴肅認真的，而且這在世界水利史上也是一個創舉。

為官走遍中國，形成地理學說

沈括一生為官，四處飄泊，幾乎走遍了大半個中國。險峻的名山，一碧萬頃的平川，煙波浩渺的湖泊，飛湍急流的江河，到處留下他的足跡。他深邃的目光，透過青山秀水，看到了它們的沉浮變遷。比如在雁蕩山，沈括發現了一個奇怪的現象：他曾遊覽過不少名山，都是從嶺外便能望得見峰頂，而雁蕩山卻不然，只有置身山谷，才能看到高聳入雲的諸峰。經過再三琢磨，沈括得出了結論：是山谷中的大水，將泥沙沖盡之後，這些巨石才高峻聳立，拔地而起的。而且，雁蕩山的好多獨特景觀，如大小龍湫、初月谷等，也都是大水長年累月沖鑿的結果。由此，他聯想到西北那土墩高聳的黃土區，和雁蕩山的成因相同，也是大自然的傑作，只不過一個是石質、一個是土質而已。

沈括也正確的論述了華北平原的形成原因：根據河北太行山山崖間有螺蚌殼和卵形礫石的帶狀分布，推斷出這一帶是遠古時代的海濱，而華北平原是由黃河、漳水、滹沱河、桑乾河等河流所攜帶的泥沙沉積而形成的。透過觀察雁蕩山諸峰的地貌特點，分析了它們的成因，沈括明確的指出這是由於水流侵蝕作用的結果。他也對西北黃土地區的地貌特點，做了類似的解釋。

宋神宗時，有次黃河大堤崩塌，並出現裂痕，而中間竟出現竹筍林，非常怪異，沈括對此進行了仔細的考察。他看到一大片根幹相連，都化為石竹筍，真是罕見，根本無法知道這是什麼年代的東西。沈括就想：這兒的環境不適合竹子生長，可是卻怎麼會有竹筍的化石？想了好久，他得出結論：「是不是從前這裡氣候溫暖潮溼，適合竹子生長呢？」

在此基礎上，他還觀察研究了從地下挖掘出來的桃核、蘆根、松樹、魚蟹等各式各樣化石，明確指出它們是古代動物和植物的遺跡，並且根據化石推論了古代的自然環境，以及古環境變遷、植物地理分布的制約因素等。同時，他還考察了黃河三角洲，並提出三角洲是黃河泥沙堆積而成的，這些見解用今天的科學眼光來檢驗也是正確的。沈括提出廣種樹木、保護樹木以涵養水份的觀點，也完全符合當代保護環境的理念。這些都表現了沈括可貴的環保概念。

關於因水侵蝕而構造地形的觀點，在當時只有阿拉伯的一位科學家與沈括「英雄所見略同」，直到七百年之後，英國科學家赫登（James Hutton）才完整的運用了這一原理論述地貌變化。另外，**在沖積平原成因的解析、化石的命名，以及地形測量和地圖繪製等方面，沈括的貢獻也極有價值**。

沈括在地質學方面卓越的研究，反映了中國當時地質學已經達到了先進水準。在歐洲，直到文藝復興時期，**義大利人達文西對化石的性質開始有所論述，卻仍比沈括晚了四百多年**。沈括視察河北邊防的時候，曾經把所考察的山川、道路和地形，在木板上製成立體地理模型。這個做法很快便被推廣到邊疆各州。

熙寧九年（一〇七六年），沈括奉旨編繪《天下州縣圖》。他查閱了大量檔案文件和圖書，經過近二十年的努力，終於**完成了中國製圖史上的一部巨作——《守令圖》**。這是一套大型地圖集，共計二十幅，其中有大圖一幅，高四公尺，寬三．三公尺；小圖一幅；各路圖十八幅（按當時行政區畫，全國分做十八路）。圖幅之大，內容之詳，都是以前少見的。在製圖方法上，沈括提出分率、準望、互融、傍驗、高下、方斜、迂直等七法，這和西晉地圖學家裴秀著名的《製圖六體》大致相同。他還把四面八方細分成二十四個方位，使圖的精度有了進一步提高，為中國古代地圖學做出了重要貢獻。

《大宋天下郡守圖》為宋朝增添了十萬兵力

沈括為了維護宋朝邊境的安全，十分重視地形勘察。有一次，宋神宗派他到定州（今河北省定州市）去巡視。他假裝在那裡打獵，花了二十多天時間，詳細考察了定州邊境地區的地形，還用木屑和融化的蠟捏製成一個立體模型。回到定州後，沈括要木工用木板根據他的模型，雕刻出木製的模型，獻給宋神宗。

這種立體地圖模型當然比繪製在紙上的地圖更清楚了。宋神宗對沈括畫的地圖和製作的地圖模型很感興趣。第二年，就叫沈括編製一份全國地圖。但是不久，沈括受人誣告，被朝廷貶謫到隨州（今湖北省隨縣）。

在隨州，環境雖然很困難，但是他堅持繪製沒有畫完的地圖；後來，他換了幾個地方的官職，也是一面考察地理，一面修訂地圖，堅持了十二年，終於完成了當時最準確的一本全國地圖——《大宋天下郡守圖》（按：《禹跡圖》為《大宋天下郡守圖》其中之一部分。左上角碑文：禹跡圖，每方折地百里，古今州郡名，古今山水地名，阜昌七年四月刻）。

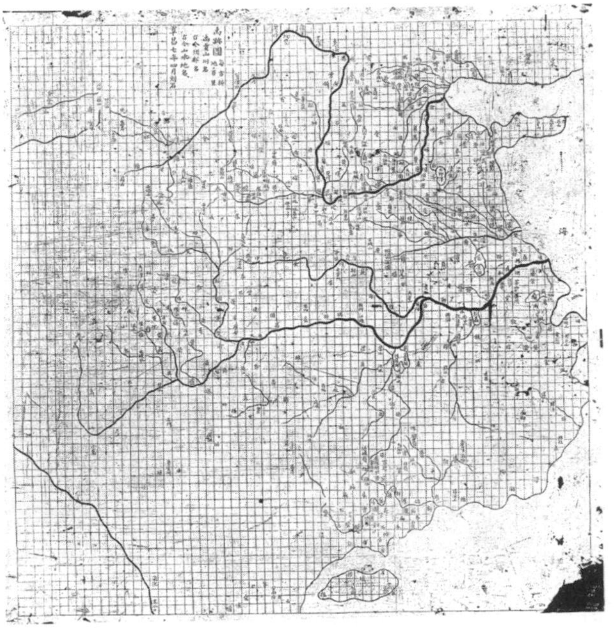

▲《禹跡圖》。

《大宋天下郡守圖》是他用「飛鳥圖」創造並繪製出來的，這使得北宋的地圖越來越精確。在宋代，由於測繪技術的局限，繪製地圖用的是「循路步之」法，也就是沿路步行丈量，用步行得出的資料繪製地圖，但是道路彎彎曲曲，山川高低錯落，用「循路步之」法繪製的地圖與實際有很大的誤差，圖上差之一厘，實地就差之千米。

沈恬採用「飛鳥圖」也就是「取鳥飛之數」，用的是飛鳥直達的距離，有點像現在的航空拍攝，使得地圖的精確度大為提高。令人沒想到的是，他的地理學說與《大宋天下郡守圖》在與遼國的邊界談判中發揮了重要作用，起到了十萬士兵都難以達到的威力。

北宋與遼國之間戰爭不斷，簽訂《澶淵之盟》後雙方罷兵休戰。遼國垂涎中原地區的繁華，仗著驍勇的騎兵，不斷提出領土要求。自從宋真宗以後，宋朝一直依靠每年送大量銀絹，維持了幾十年跟遼國暫時妥協的局面，但是遼國因宋朝軟弱，想進一步侵占宋朝土地。宋熙寧八年（一〇七五年），遼國派大臣蕭禧來到汴梁，要求重新劃定邊界，他提出的邊界是山西北部的黃嵬山（今山西省原平市），黃嵬山以北為遼國所有，以南為宋朝所有，宋朝如同意他的要求，等於將遼國的領土向南推進了三十多里。

黃嵬山是一座默默無聞、名不見經傳的山脈，北宋大臣對此山幾乎是一無所知，朝廷上下頓時亂作一團。宋神宗派大臣跟蕭禧談判，雙方爭論了幾天，都沒爭論出個結果。蕭禧堅持說黃嵬山一帶三十里地方應該屬於遼國，宋神宗派去談判的大臣由於不了解那裡的地形，明知蕭禧提出的是無理要求，但就是想不出辦法反駁他。就在這危急關頭，宋神宗猛然想起了熟識地理的沈括，於是趕緊命他出任談判特使，指示他既不能隨意向遼國挑釁，但也不能向敵示弱而接受無理要求。

沈括精通地理，而且辦事認真細緻。他首先到樞密院，從檔案資料中把過去議定邊界的文件都查清楚，證明那塊土地應該是屬於宋朝的，而他所憑藉的依據就是《天下郡守圖》。他把自己在《天下郡守圖》中所查找到的資料向宋神宗彙報了一番，宋神宗聽後非常高興，馬上就命沈括畫成地圖。

地圖畫成之後，宋神宗就送給蕭禧看，並向蕭禧說明地圖中的邊界：兩國曾按《澶淵之盟》劃分邊界，邊界是白溝河，白溝河以北為遼國領土，以南為大宋領土，而黃嵬山在白溝河以南，是大宋的領土，而不是遼國的領土。蕭禧沒有一張自己的地圖，更不知道黃嵬山的準確方位，在地圖面前，他頓時感到理虧三分，氣焰不知不覺的矮了一截，爭論了幾天後，雙方都無功而返，但也沒有將爭論推向極端。此時的蕭禧也不像先前那樣振振有詞了。

不久，宋神宗派沈括出使上京（遼朝的京城，在今內蒙古自治區巴林左旗）。沈括在出發之前做了大量的準備工作，他首先收集了許多地理資料，然後叫隨從的官員把這些資料都背熟。來到京城後，遼國派宰相楊益戒跟沈括談判邊界，遼國提出的問題，沈括和官員們對答如流，有憑有據。

沈括又再次提出以《澶淵之盟》為基礎，以《天下郡守圖》為依據，有理有節，寸步不讓，而遼國宰相卻找不到重劃邊界的理由。楊益戒一看沒有空子好鑽，就板起臉來蠻橫的說：「你們連這點土地都斤斤計較，難道想跟我們斷絕友好關係嗎？」這時，只見沈括理直氣壯的說：「你們背棄過去的盟約，想用武力來脅迫我們。要是真的鬧翻了，我看你們也得不到便宜。」

隨後，沈括又出示了宋朝的木製地形模型，這使得遼國宰相大為驚奇，深感宋朝有奇才能人。在充分的證據面前，遼國宰相無話可說，只好放棄了他們的無理要求，沈括運用智慧捍衛了宋朝的尊嚴，不愧為一位出色的外交家與地圖學家。

沈括帶著隨從的官員從遼國回來，一路上每經過一個地方，他便把那裡的大山河流，險要關口，畫成地圖，還把當地的風俗人情，調查得清清楚楚。回到汴梁以後，他把這些資料整理起來，獻給宋神宗。宋神宗龍顏大悅，直誇獎沈括立了大功，為犒賞他，加封他為翰林學士。

力排眾議，提倡科學的十二氣曆

治平四年（一〇六七年），宋英宗病逝，神宗即位，改年號為「熙寧」。沈括奉詔編修《南郊式》，這是皇帝祭天的禮儀章程。每年冬至，由皇帝主持在京城的南郊築壇祭天。為此總要興師動眾，大修宮廷，廣徵奇花異石；不僅勞民傷財，而且禮儀繁縟，天子百官皆視為負擔，頗感倦怠。神宗才二十歲出頭，意欲改革，但又怕違背祖訓，便命令沈括詳加考訂，重修禮儀。

沈括將歷代的祭天禮儀考察一番後，化繁為簡，保留精髓，使新的儀式顯得更加莊嚴隆重。上奏朝廷，龍顏大悅。從此，冬至日的祭天活動，免去了遊園觀賞，減少土木工程和珍奇徵集，節省了開支，臣民稱道。這也是沈括革新變法的初步嘗試。

在昭文館裡，沈括擠出時間鑽研歷代天文書籍，提出了不少科學創見。有一次，一位大臣問他：「日和月的形狀，究竟是像一顆彈丸呢，還是一柄團扇？」

「像彈丸。」沈括對此頗有研究，早就深思熟慮過，這時自然脫口而出。

「何以見得？」

「可以用月的盈虧來驗證。」沈括回答。「月本無光，好比一顆銀丸，太陽光照射其上，才有反光。我們看到新月，那是太陽光照在它的側面，好似一彎銀鉤。太陽離月漸遠，日光斜照，月亮也就漸漸圓滿。」

沈括邊說邊拿起一個圓球。圓球表面一半塗上白粉。他把圓球白粉的一面正對大臣，說：「這是滿月，月亮是一輪正圓。再把圓球移至側面，塗白粉的地方顯示彎鉤形。大人請看，月亮像彈丸否？」

沈括這直觀的比喻，貼切的闡述東漢天文學家張衡的主張——月亮本身不發光，只是日光反照。

大臣越聽興趣越濃，又問：「那麼，日食、月食又是怎麼回事呢？」

沈括回答：「月亮運行到太陽和地球之間，擋住了太陽光，地面上投下了月亮的影子。在那裡見不到太陽，這就是日食。同樣，月亮走進地球的影子裡，太陽光射不到月亮上，月食便發生了。所以，月食一定發生在滿月的望日；日食必定出現在月初的朔日。」

「依你所說，每月都會發生一次日食、一次月食囉？」那位大臣對天文頗有研究，以為這次可以問倒沈括。不料沈括不慌不忙，依舊侃侃道來：

「當然，並不是每次朔、望都出現日食和月食。這是因為太陽走行的軌道『黃道』和月球走行的軌道『白道』，這兩個圓環不在一個平面上，而有一個很小的交角。只有在黃道、白道交點附近，日、月、地三者成一直線時，才會發生日食或者月食。」

沈括還解釋這日月軌道的交點沿著黃道後退，每月退行一度多，經過兩百四十九次相交後又恢復原狀。這些日月食的成因、過程及其規律，他都說得一清二楚，而且和現代科學的結論相當接近，可見沈括在昭文館裡不曾虛擲光陰。昭文館的藏書為他提供了豐富的知識，哺育他成為科學巨人。

由於編修《南郊式》，發表了獨創的天文見解，使神宗皇帝對沈括刮目相看，所以派他參與詳細校定渾天儀的工作。北宋歷代皇帝對曆法改革都相當重視，但是他們這樣做的目的並不在於積極發展科學事業，而主要出於政治需要。因為曆法是否準確，除了與農業生產和人民生活有關，還與統治階級的命運有著緊密的聯繫。

在封建統治階級看來，曆法與天象相吻合，正好說明朝廷的統治與天意是一致的。統治階級總要借天象欺騙人民，同時自己也受天象的控制。北宋時期由於經常受到北方的遼和西夏的侵擾，國勢較弱。又由於階級矛盾尖銳，農民不斷舉行起義，因此統治階級特別迷信於天象，總是希望能從天象中，探出老天爺的意向。正由於這個原因，曆法才受到北宋歷代皇帝的重視，在一定程度上促進了這一時期的曆法改革活動。

渾儀是測量天體方位、觀察星象的重要儀器。經過歷代的發展演變，到了宋朝，渾儀的結構已經變得十分複雜，三重圓環，相互交錯，使用起來很不方便。為此，沈括對渾儀做了比較多的改革。

這是渾儀發展史上的里程碑，為後來元代科學家郭守敬進一步改革和簡化渾儀，創製更先進的簡儀，準備了條件。為了要更精確測定時間，沈括還深入研究了「浮漏」和「景表」（按：觀測日影的儀器）。

浮漏又稱作漏壺、漏刻，是古代利用水的流動來計量時間的一種儀器。由求壺向複壺供水。複壺側壁上部有一支管，當水面超過時，多餘的水從上支管溢出，流往廢壺，使複壺內水的高度保持不變。複壺因此以均勻不變的速度滴漏。滴漏出的水流進箭壺，使箭壺內的箭舟不斷浮起，箭舟上的漏箭伸出壺蓋，露出刻度，標示出時間。

歷代浮漏都用曲頸龍頭，水流不暢，還容易折損。沈括把它改為直頸。流水的側管原先都用銅製，沈括改為玉製，避免銅銹蝕而生成銅綠污染水質、堵塞漏孔。經過沈括改進的浮漏，水流暢通，計時準確，經久耐用。

沈括觀測浮漏時刻，也觀察到許多人已發現的奇怪現象：每逢冬至前後，景表測出的時間已滿一晝夜，但漏箭刻度並沒有到頂；而每到夏至前後，景表報出不到一晝夜，漏箭卻已顯示出一晝夜的刻度。眾人都認為冬夏水流的通暢程度不同，水流快慢有別，所以使漏箭刻度出現偏差。

唯獨沈括不同意這種臆測。他想起三百四十多年前唐代天文學家一行的發現：「太陽在黃道上運行的速度並不是均勻的，冬季稍快，夏季稍慢。」沈括堅持觀測了十多年，比較景表與浮漏報的晝夜長短差別，發展了一行的研究成果，證明一年內每晝夜的長度都有微小的差異。

為了修正浮漏與景表顯示的晝夜長短差異，以往都是每一節氣換用不同刻度的漏箭。但是這種辦法既麻煩，又沒有從根本上解決，晝夜的長度每天有微小變化的問題。

沈括提出「招差術」，用數學上的內插法來精細的修正漏箭讀數。即知道各節氣那天的修正值後，按變化的趨勢計算出兩個節氣間每天的差別。這樣既方便又準確。首創內插法是沈括在數學上的貢獻。

上述發現和發明，沈括都寫進《渾儀議》和《浮漏議》中。連同他研製成功的渾儀、浮漏等天文儀器，一併呈獻神宗。渾儀安放在汴京迎陽門城樓上，神宗偕文武大臣視察後十分滿意，賞賜完畢，命移入司天監使用。

整頓司天監，任用盲人觀測天象

這次校定渾天儀成功後，沈括受詔兼任「提舉司天監」，即司天監的主管。司天監是觀測天象、制定曆書的中央機構。而沈括在觀天改曆的同時，還展開了整頓司天監的鬥爭。

熙寧五年（一〇七二年），沈括進入司天監主持工作。他首先了解司天監原來的業務活動，明察暗訪。從表面上看，司天監的觀測結果每次都和皇宮裡的天文院相互對照，嚴加監督。天文院裡有漏刻、觀天臺和銅渾儀等觀測天象的設備，和司天監裡的完全一樣。每夜天文院都要報告星象的實況，有沒有發現凶吉徵兆，呈送報告的時間必須趕在皇城開門之前。開門之後，司天監的觀測報告才送到。把這兩種報告相互核對，以防弄虛作假。

但是，沈括發現，司天監和天文院私下串通，夜間從不觀測天象，日月星辰的位置和運行情況全是白晝從曆書上推算出來的，然後編出一模一樣的報告來。這種做法早已習以為常，皇宮內外都心照不宣，相互包庇。

沈括氣憤不已，決心革除積弊。他逐個考核官員的業務水準和履歷，發現他們大都是仰承世襲、白食俸祿的酒囊飯袋。一次，預報日食有誤，第二天不見日食。恰巧那一天下了一夜小雨，又有皇子誕生，百官借機向皇帝慶賀。

有個朝官獻給皇帝一首詩：「昨夜薰風入舜韶，君王未御正衙朝，陽暉已得前星助，陰滲潛隨夜雨消。」竟把見不到日食，說成是皇帝因為像堯舜一樣關心民間疾苦，所以日食的不祥之兆悄悄的隨著一場夜雨消失了。

沈括心想，如此不學無術的庸碌之徒，怎麼能修得成曆法！他抓住司天監與天文院勾結舞弊的證據，一次就罷免了六個官員。同時，吸收一批有真才實學的人，組成技術培訓班，分五科進行訓練，學成後量才錄用。經過這麼一番整頓，一時間司天監還真的出現了一番新氣象。

整頓司天監，罷免不學無術的曆官後，沈括深感監內有用人才急缺。那麼從何處發掘人才呢？他從司天監檔案裡翻出一個木製鍾馗，頗受啟迪。

二、三十年前，有一個姓李的術士，向荊王敬獻一個鍾馗樣的木偶。這木偶精雕細刻，活動自如，有二、三尺高，左手托著香餌，右手握住一塊鐵板。當老鼠攀緣而上吃食時，木鍾馗的左手便捉住老鼠，右手隨即揮動鐵板把老鼠擊斃。原是打鬼判官的鍾馗，竟然逮起老鼠來，而且百發百中，不禁令荊王開懷大喜，當即將李術士收為門客。

有一天，司天監報告當天黃昏將出現月食。李術士聲稱，有法術可以祈求上天消弭這次月食。荊王讓他施法術試一試。果然，那天黃昏沒有月食發生。荊王以為李術士真有祈天喚月之術，即刻上奏皇帝。皇帝命令內侍省調查這件事。李術士不敢隱瞞，據實稟報說：

「我本來精通曆法，知道崇天曆所預報的月食，發生時間比實際偏早。這次月食其實應在戌末亥初時（相當於晚上九點）出現。只是因為我出身微賤，王府不會接見我，便向荊王獻上我製作的木偶鍾馗，因為它很精巧，荊王必定喜歡，我才得以面見荊王。現在又假稱祈禱的法術可以阻止月食發生，驚動了朝廷。我的本意是提醒朝廷，頒行的崇天曆法到了需要修訂的時候了。」皇帝見李術士精通天文、曆法，就賜他進入了司天監。經過考核，李術士終於如願以償，在司天監裡當了曆官。

沈括從李術士聯想起他十八年前在楚州（今江蘇省淮安市）認識的一個卜卦者衛樸。衛樸雙目失明，卻精通算學，通曉曆法。他能嫺熟的把小竹片做成的算籌（按：古代一種十進位計算工具）擺成一個個算式，飛快的挪動算籌，用手一摸，迅速報出籌算（古時稱計算為籌算，以算籌來計算的意思）的結果。

有的旁觀者故意跟衛樸開玩笑，趁他不注意抽走幾根算籌。衛樸儘管看不見，在繼續籌算時還是發覺了，並依原樣補上。原來，衛樸的心算能力很強，加減乘除往往只需心算，背誦曆書，聽一遍就可複述，一字不差。

如今，不知衛樸是否還在楚州給人占卦算命？沈括連忙派人尋訪，徵召衛樸進司天監。司天監官員們見衛樸是個布衣，又是瞎子，靠卜掛為生，更無科舉功名，這樣的人，怎麼有資格進入司天監呢！大家議論紛紛，甚至懷疑沈括任人唯親，營私舞弊。

沈括見眾人藐視衛樸，便當場出題，命衛樸回答，官員們陪考。第一題，考問史籍記載的歷次日食情況時，眾官員搜腸刮肚，也只答出了十之二三，而衛樸卻娓娓道來，如數家珍。第二是誦曆書一卷，命眾人默寫。官員們叫苦連天，大多數交了白卷，而衛樸卻口誦如流，真是過耳不忘。旁人故意念錯一字，也逃不過衛樸的耳朵。衛樸果真不負沈括的厚愛，擔當起修訂新曆的重任。

沒有一部曆法可以奉為金科玉律，永遠不用修改。而頒行新曆法，往往意味著改朝換代的時刻。因此，北宋各代皇帝幾乎都頒行過新曆法，如《應天曆》、《乾元曆》、《儀天曆》等。儘管名目繁多，但是都來源於唐代天文學家一行修訂的《大衍曆》。

沈括認為，宋代各曆法皆不及《大衍曆》精確真實。他認為，修訂曆法除了數學推算，還必須與天文實測的資料相核對，這也是《大衍曆》比較精確真實的根本原因。因此，沈括提出編修新曆單靠推算不行，還必須參照實測天體的紀錄。

沈括準備用他新製的渾儀、浮漏和景表等天文測量儀器，安排天體實測。每天黃昏、夜半和拂曉，各觀測月亮和金、木、水、火、土五星的位置，記錄在「候簿」（按：天文觀測記錄簿）上。五年的紀錄累積起來，已經足以核實新曆是否符合實際了。

衛樸憑他出色的籌算本領，已經把舊曆法調整好，只待「候簿」上累積出比較多的實測記載，仔細參照核對之後，便可上呈神宗皇帝了。可是衛樸是盲人，自己不能親眼觀測月亮和五星的位置，他心裡焦急萬分。沈括很體諒他，早已安排妥貼，指派司天監專人觀測天象，定期將紀錄念給衛樸聽。

司天監的官員們對沈括整頓官衙、提拔衛樸一直懷恨在心，現在又讓他們熬夜觀測天象做紀錄，向衛樸報告，便恨得咬牙切齒，氣急敗壞，只是敢怒不敢言，於是就在候簿上做手腳，暗中破壞編修新曆的工作。

衛樸左等右等，等不來天體實測紀錄。時間不等人，衛樸又用了三個多月仔細推算，以《大衍曆》為基礎，找出《崇天曆》和《明天曆》的偏差，將節氣往前提，將閏月往後推，制定成新曆初稿。

中國古代一貫是陰陽曆交用的，因此在曆法上存在一個根本問題，就是陰陽曆之間的調合問題。我們知道，月亮繞地球的運轉週期，與地球繞太陽的運轉週期兩個數互除不盡。這樣，以十二個月來配合二十四節氣的陰陽合曆就始終存在矛盾。雖然我們祖先很早就採用了閏月的辦法來進行調整，但是曆日與節氣脫節的現象還是時有發生。一〇七四年修成了新的曆法。新曆確定以三百六十五．二四三日為一回歸年，雖比現在實測的三百六十五．二四二日稍大一點，但比以前所行的宋曆都要準確得多。沈括將新曆進呈神宗，神宗大加誇獎，賜名《奉元曆》，並頒行全國。

此後沈括又經過長期的研究，提出了一個澈底改革的方案，這就是他的《十二氣曆》。他首先討論了置閏法（按：指在曆法中插入閏日、閏週或閏月，以使曆法能跟隨季節或月相）。他說：「置閏法是古代遺留下來的，有許多事情古人不可能預見到，而有待於後世發現。只要所說的是真理，就不應該有什麼古和今的區別。」

沈括肯定了事物運動變化具有規律性，反對盲從古人，認為學術思想應該不斷有所發展，不能老是停留在前人的水準上。這些思想都是難能可貴的。

他接著討論了曆法中曆日與節氣脫節的現象，雖有閏月的方法來進行調節，但「閏生於不得已」，是一種無可奈何的補救方法，不能根本解決問題。他得出結論說，寒去暑來，萬物生長終亡的變化，主要是按照二十四節氣進行，而月亮的圓缺與一年農事的好壞並沒有很大關係。

以往的曆法僅僅根據月亮的圓缺來定月分，節氣反而降到了次要地位，這是不應該的。

正是從以上考慮出發，他提出了純陽曆取代陰陽合曆的建議，這就是《十二氣曆》。沈括指出，只有純陽曆才能把節氣固定下來，從而更好的滿足農業生產對曆法的需要。

中國原來的曆法都是陰陽合曆，《十二氣曆》它以十二氣作為一年，一年分四季，每季分孟、仲、季三個月，並且按節氣定月分，立春那天算一月一日，驚蟄算二月一日，依此類推。大月三十一天，小月三十天，大小月相間，即使有「兩小相並」的情況，不過一年只有一次。有「兩小相並」的，一年共有三百六十五天；沒有的，一年共三百六十六天。這樣，每年的天數都很整齊，用不著再設閏月，四季節氣都是固定的日期。至於月亮的圓缺，和寒來暑往的季節無關，為某些需要，只在曆書上注明「朔」、「望」。

按中國古代曆法，陰曆和陽曆每年相差十一天多，古人雖採用置閏的辦法加以調整，仍難做到天衣無縫。沈括經過縝密的考察研究，提出了一個相當大膽的主張：廢除陰曆，採用陽曆，以節氣定月，大月三十一日，小月三十日。這種曆法當然是比較科學的，對於農民從事春耕、夏種、秋收、冬藏十分有利。

這些改革措施使司天監的氣象為之一新，但是封建統治階級卻並不關心這一切。統治階級一方面把曆法作為鞏固封建統治的工具，另一方面又害怕人民利用曆法來造反。為了把曆法牢牢掌握在自己的手裡，壟斷對天意的解釋，北宋朝廷頒布過嚴禁私習天文的法令。

天文學研究和編制曆法本來是一種學術活動，但由於它和封建帝王的利益聯繫在一起了，就使得曆法改革隨時有可能被捲入政治鬥爭的旋渦，那些有志於改革曆法的人，也必然會經常受到來自封建統治階級的巨大壓力，有時甚至遭到迫害。而在保守勢力看來，陰陽合曆是沿用了千百年的祖宗舊制，沈括要澈底打破它，是絕對不能容許的叛逆行動。

沈括早已預料到《十二氣曆》會招致非議，自己會因此受到謾罵攻擊。他說：「我起先驗證說一天的百刻有長短的差別，人們已經懷疑我的說法。後來我又說二十個月裡北斗七星斗柄所指的方向會隨著歲差而有所改變，人們就更加驚駭了。現在這個《十二氣曆》肯定會招致更猛烈的攻擊。但是我堅信日後一定有採用我這個主張的那天。」

沈括的這些預言今天果真實現了，關於夏天和冬天一天的時刻有長短之別，星星隨歲差而遷移，這些早已成為科學的定論。

由於編修《奉元曆》的工作從一開始就受到了嚴重的干擾和破壞，沈括和衛樸的全面改曆計畫沒有完全實現。這時是熙寧八年（一〇七五年），沈括已升任更高的官職，不再兼管司天監。司天監這個上層官僚機構，很快又恢復原狀，貴族子弟又混入司天監，掛空名，吃閒飯，談玄學，湊數字，再也沒有生氣可言。而辛苦編修《奉元曆》的衛樸受賜一百貫銅錢的盤纏後，就被解聘回鄉了。

但是，沈括堅信科學終究不會被埋沒的真理。果然，《十二氣曆》在被埋沒了八百多年以後，開始重新受到了人們的關注。事實上，清末農民革命政權——太平天國所頒行的「天曆」，其基本原理就是與《十二氣曆》完全一致的。一九三〇年代英國氣象局頒行，用於農業氣候統計的《氣象手冊》（*Manual of Meteorology*），也是節氣位置相對固定的純陽曆，其實質與《十二氣曆》一樣。

開闢高階等差級數研究的方向

沈括對數學也有著獨到的研究。剛過而立之年的沈括，曾在一位轉運使手下當官。在頻繁的接觸中，轉運使發現沈括才華出眾，很想把才貌雙全的女兒嫁給他。正在這時，一位多嘴多舌的同僚告訴他，說近來沈括常出入酒館，回來就閉門不出，想必是醉得不省人事。

轉運使聽後心中十分不悅：沒想到這青年平時相貌堂堂，做事一絲不苟，竟是個酒鬼！這樣想著，便闖入沈括住處，推開門一看，沈括正在擺弄桌上的酒杯。見轉運使大駕光臨，沈括忙讓座倒茶，並把這些天的發現對上司娓娓道來。

原來，酒館裡常把酒桶堆成長方臺，從底層向上，逐層長寬各減一個，看上去四個側面都是斜的，中間自然形成空隙，這在數學上稱為「隙積」。

所謂隙積，指的是有空隙的堆積體、例如酒店中堆積的酒罈、疊起來的棋子等，這類堆積體整體上就像一個倒扣的斗。但是隙積的邊緣不是平的，而中間又有空隙，所以不能照搬體積公式。沈括經過思考後，發現了正確的計算方法。

他以堆積的酒罈為例說明這一問題：設最上層為縱橫各兩個罈子，最下層為縱橫各十二個罈子，相鄰兩層縱橫各差一罈，這堆酒罈共十一層；每個酒罈的體積設為一，用體積公式計算，總體積為：〔（4+12）×2+（2+24）×12〕×11÷6，酒罈總數也應是這個數。

但顯然，酒罈數不應為非整數，問題何在呢？沈括提出，應在體積公式基礎上加上一項「（下寬－上寬）×高÷6」，即為：110÷6，酒罈實際數應為：（3784＋110）÷6＝649。加上去的這一項正是一個體積上的修正。

沈括以體積公式為基礎，把求解不連續的個體的累積數（級數求和），化為連續整體數值來求解，可見他已具有了用連續模型解決問題的思想。而數學上又把計算中間空隙的體積的方法，叫做「隙積術」。

轉運使聽罷，這才轉怒為喜。沒多久，沈括便成了轉運使的乘龍快婿。而他也是歷史上第一個發明隙積術的人。

日本數學家山上義夫評價說：「沈括這樣的人物，在全世界數學史上找不到，唯有中國出了這樣一個。我認為把沈括稱做中國數學家的模範人物或理想人物，是很恰當的。」

沈括還從計算田畝出發，**提出了「會圓術」，中國數學史上第一個用圓周，弓形的高和弦長，而求出弧長的方法**。這一方法的創立，不僅促進了平面幾何學的發展，而且在天文計算中也起了重要的作用，並為中國球面三角學的發展作出了重要貢獻。

會圓術是對圓的弧矢關係給出的比較實用的近似公式，主要思想是局部以直代曲。沈括進一步應用《九章算術》中弧田的面積近似公式，求出弧長，這便是會圓術公式。沈括得出的雖是近似公式，但可以證明，當圓心角小於四十五度時，相對誤差小於二%，所以該公式有較強的實用性。後來，元代學者郭守敬、王恂在曆法計算中，就應用了會圓術。

此外，沈括還應用組合數學法，判斷出圍棋可能出現的棋局共有三千三百六十一種，沈括還在書中記載了一些運籌思想，如將暴漲的汴水引向古城廢墟來搶救河堤的塌陷，以及用挖路成河、取土、運輸，最後又將建築垃圾填河成路的方法來修復皇宮等。

沈括對數的本質的認識也很深刻，指出：「大凡物有定形，形有真數。」顯然他否定了數的神祕性，而肯定了數與物的關係。他還指出：「然算術不患多學，見簡即用，見繁即變，乃為通術也。」沈括的研究，發展了自《九章算術》以來的等差級數問題，在中國古代數學史上開闢了高階等差級數研究的方向。

沈括對物理學研究的成果也是極其豐富而珍貴的。在光學方面，沈括透過親自觀察實驗，對針孔成像、凹面鏡成象、凹凸鏡的放大和縮小作用等做了通俗生動的論述。他對中國古代傳下來的所謂「透光鏡」（一種在背面能看到正面圖案花紋的銅鏡）的透光原因也做了一些科學的解釋，推動了後來對「透光鏡」的研究。

沈括精心設計了一個聲學共振實驗，他剪了一個紙人，把它固定在一根弦上，彈動和該弦頻率成簡單整數比的弦時，它就振動使紙人跳躍，而彈其他弦時，紙人則不動。沈括把這種現象叫做「應聲」。用這種方法顯示共振是沈括的首創。在西方，直到十五世紀，義大利人才開始做共振實驗。至今，在某些國家和地區的中學物理課堂上，教師還使用這個方法給學生做關於共振現象的演示實驗。

此外，**沈括最早發現了地理南北極與地磁場的N、S極並不重合，所以水平放置的小磁針指向，跟地理的正南北方向之間有一個很小的偏角，被稱為磁偏角。**

研擬出新九軍陣法，可惜宋朝廷太弱

沈括從小習劍舞槍，熟讀過舅父許洞的兵書《虎鈐經》，對北宋的邊防戰事一向關心。由於王安石重視邊防，西北邊境地區的防務情況也隨之大有好轉。宋朝廷從西夏手中收復了廣大地域，但是在北方，契丹族的遼國國力日盛，虎視眈眈的威脅著宋朝的安全。在河北邊境，稍有一點加強防務的舉動，如修堡壘、挖河溝，契丹就會立即向宋王朝提出抗議。

宋遼邊境的緊張氣氛，使神宗十分慌亂，匆忙發布命令，對民間的車輛實行登記，以備戰事爆發時緊急徵用。神宗認為契丹入侵，必定用馬隊做前鋒，而對付馬隊則必須動用兵車。但是登記民車卻引起了百姓的驚恐，讓百姓以為戰火馬上就要燒到家門口，連自家的牛車官府都要徵收了，再加上地方官吏和土豪劣紳乘機敲詐勒索，更是鬧得雞犬不寧、人心惶惶。

這個時期的北宋，階級矛盾和民族矛盾都十分尖銳。遼和西夏貴族統治者又經常侵擾中原地區，擄掠人口牲畜，給社會經濟帶來了更大的破壞。

這時，沈括婉轉的勸神宗收回成命，不要再執行民間車輛登記。沈括說：「對付契丹的馬隊，用兵車抵擋固然好，只是打仗用的兵車都是馬拉的戰車，奔馳快速，絕非老百姓耕地馱載的老牛木車所能代替的。現在登記民車，白白驚動老百姓，虛張聲勢而無實效，不如穩定民心，趕緊做一些強國防務的事。」

熙寧七年（一〇七四年），沈括被任命為河北西路察訪使，任務是視察和整頓邊防。他沿用歷來行之有效的陂塘拒敵方法，在與契丹接壤的河北平原上，利用原先修建的陂塘，築墊灌水，成為大面積塘泊。一旦契丹入侵，這大片的水面、沼澤，將會給敵人的馬隊造成極大的阻滯。

當時邊境平靜無戰事，如果大張旗鼓修築陂塘，勢必會驚動契丹，招來干涉和破壞。沈括和部下裝作打獵的樣子，作為掩護，實際上是在勘察地形，把方圓幾百里的山河、道路和村寨了解得一清二楚。

隨後，沈括決定向朝廷彙報邊境的地勢和修築陂塘的計畫，但怎樣才能做到表達清晰，一目瞭然呢？他想，把記錄下的圖做成立體的模型，那麼山川、陂塘就如在眼前，形象逼真，不知勝過平面地圖多少倍。

他嘗試過用麵糊混合木屑，捏出山脈、河谷的形狀，但是麵糊容易乾裂，後來發現蠟燭油熔化後，滴注在木板上，容易塑成立體的地形圖，還可以用小刀切削，在蠟燭油上還可以插各種竹籤作為標誌。這種蠟製立體地形圖，便於製作，容易修改。修改好以後，交木匠照樣雕刻成木質地理模型，就十分精細逼真了。

立體地形圖連同奏章由飛馬送上朝廷，神宗看了十分滿意。他同意修復陂塘。陂塘所占的地都是荒蕪的鹽鹼地，灌水後還能兼收魚、蝦、荷等副產品，成為北方邊境自然屏障，是加強防務的好辦法。

沈括修復了保州（今河北省保定市）、順安軍（今河北省高陽縣）一帶綿延三十里的塘泊。又引徐、鮑等河水，注入廢棄的徐村淀，成為橫跨深州（今河北省深縣）北方的五十里水上防線。他還在定州（今河北省定縣）北面的舊城，利用廢棄城堡壘安置營寨，以便密切監視契丹的動靜；在深州、趙州（今河北省趙縣）加固城防；在澶州（今河南省濮陽市）架設浮橋。

在察訪河北西路期間，沈括按照新法的要求，設置了保甲制度。保甲法規定，每十戶一小保，設保長；每十小保為一大保，有大保長；十大保組成一都保，有正副都保長。男子為保丁，閒時耕牧，戰時入伍。都保結成坊市，週邊設門築牆，平時站崗巡邏，防止契丹奸細混入。這些措施穩定了北宋的封建統治，也加強了邊防力量。

沈括任河北西路察訪使不久，朝廷見他熟諳軍事，博學多才，又委任給他新的職務——兼判軍器監，軍器監主管軍事改革和兵器生產的工作。在這之前，兵器都是由各州、各軍的軍器作坊製作，朝廷只是統計管理而已。

地方官吏往往偷工減料，應付了事，中飽私囊，因此兵器的品質很差，既不堅固也不輕巧，不能適應戰爭的需要。弓箭十有四、五不能張開、遠射，盔甲有的則是用紙糊麻縫，刀槍更是鏽鈍脆弱。

為了製作盔甲、造箭，沈括深入作坊，向鐵匠請教。他見工匠將鐵塊燒紅後，取出在鐵砧上錘打，每鍛一次稱一次重，直至再鍛錘後斤兩不減，則百煉成鋼，稱作熱鍛。

他還觀看羌人「冷鍛」，將厚厚的鐵片錘打到只有原來的三分之一厚度，做成鎧甲，在五十步外用強弩射箭也不能入，偶爾射中甲片上用來縫綴的鑽眼，箭頭的鐵竟然被鑽眼邊緣刮得損壞，可見這種冷鍛的鐵甲，比熱鍛的更堅硬。

沈括只用了一年多時間，就添置盔甲近八千副，造箭一百三十多萬支，庫存量明顯增加。假如戰爭爆發，足可供數十年之用！

古代打仗以步兵為主，講究陣法。陣法的運用是否得當，直接影響戰鬥力的發揮，因此神宗命官員郭固制定了《九軍陣法》。

《九軍陣法》以九軍為一營陣（軍隊行進為陣，駐紮成營），週邊環繞駐紮著其他軍隊。十萬軍隊集中在方圓十里的範圍之內，各軍面面相對，而以側背向敵。陣法下達各軍後，將領們認為這種陣法難以執行，便將實情上奏神宗，神宗令沈括重新議定。

沈括認為，天下哪裡有供十萬軍隊布陣方圓十里的平坦之地呢？要是有山丘、溪谷、森林出現在陣地中，又該如何應對呢？這好比九個人包裹在一層皮裡，要怎麼施展得開，怎麼能發揮戰鬥力呢？這一陣法顯然不切實際。

於是，沈括提出新的《九軍陣法》：九軍各自為陣，前後左右分列，各占有利地形，另以駐隊向外伸展，也可依地形自成營陣。這樣，作戰時九軍分合自若，秩序井然，分則各成營陣，合則可成為一大陣，當中形成「井」字形，四條通路，九營軍隊「背背相承，面面相向，四頭八尾，觸處為首」，配合默契，運動靈活。

神宗聽後，覺得理由充分，當即下詔頒行沈括詳定的《九軍陣法》。這一陣法收入沈括的著作《邊州陣法》，在樞密院存檔。

在兼判軍器監任上，沈括除了研究陣法、兵器外，也研究修城築壘的防禦技術，編纂成《修城法式條約》一書，記載了當時防禦用的敵樓、馬面、團敵、垛牆等工事。

「馬面」（又稱敵臺）是城牆向外突出的部分。當敵兵迫近城牆時，守城的士兵不必像過去那樣，探出半個身子去射箭，以免遭敵人射擊的危險。他們可以在馬面，或是掩蔽在城牆裡，向城牆下方和鄰近馬面牆根處的敵人射擊。沈括發現，馬面是少數民族創造的防禦工事，恰恰是北宋城防工事中所缺少的。

也正是這時候，契丹厲兵秣馬，準備南侵。他們派使者蕭禧到汴京開封，向神宗致書，聲稱宋軍侵越邊界，修築戍壘，占住居民，要求北宋後撤。實際上是契丹蓄意挑起事端，為了給南侵找藉口，以此擴大版圖。

遼國的通牒威脅一下達，一時間如巨石落水，在北宋激起軒然大波。君臣憂心忡忡，急忙商議對策，七嘴八舌，一時都亂了手腳。

原來，宋朝廷自太宗統一中原和南方以後，為了收復五代時期割讓給契丹的幽州（今北京）、雲州（今山西省大同市）等十六州，曾兩次出兵攻遼，但是都被遼軍打敗。後來，契丹大軍直逼黃河北岸，開封吃緊。宋軍固守澶州，士氣高漲。

宋軍本來可以取勝，只因朝廷腐敗畏戰，反而向遼國請求議和，訂下「澶淵之盟」（澶州又名澶淵郡）。條約規定，宋朝廷每年向遼國繳納十萬兩白銀、二十萬匹絹。從此，遼宋之間暫時未發生大的戰事。

後來，契丹國力更加強盛，見北宋外交政權日漸柔弱，就想重溫澶淵之盟舊夢。北宋駁斥了契丹所有的無理要求，契丹就發動了戰爭，攻下永樂城。沈括身為鄜延路經略安撫使，措施不當，指揮有誤，朝廷認為他負有首要責任，被貶為「團練副使員外郎」。

「團練副使員外郎」不過是一種掛名虛銜，名為州官，但必須住在隨州（今湖北省隨州市），而且不得處理公務，不准離開隨州。沈括實際上失去了人身自由，從此，他告別仕途，結束了自己的政治生涯。

其實沈括是冤屈的，在永樂築城，他既非首倡，又一再反對；防務期間，他也曾向朝廷表明：永樂城守難，不如棄城；永樂城被圍的時候，他一邊派出軍隊救援，一邊又返身固守綏德，以便保住鄜延戰場的大局。朝廷當時派一位欽差大臣插手，此大臣胡亂指揮，造成永樂失守，理當負主要責任。

無奈之下，沈括只能灑淚惜別鄜延，這裡有他馳騁過的疆場，他曾在這揮灑熱血，戍邊衛國。這裡有他開拓的草原，他曾施展才幹，改革變法。這裡有他收復的國土，他曾激昂慷慨，嚮往塞外羌人盡唱漢人歌的勝利局面。

沿著漫漫黃土道，沈括滿懷惆悵和困惑來到隨州，棲身在法雲禪寺裡。

此時的他，已不能再批閱公文、處理公事了，甚至連一個朋友和親人都見不到，每天和孤寂、淒涼相伴。在登上隨州漢東樓時，他回想自己從青年時代起就為國事操勞，從地方到朝廷，再從江南村野到北疆塞外，才剛過中年，就已經白髮蒼蒼，他不禁感慨萬千，隨口吟道：「野草黏天雨未休，客心自冷不關秋。塞西便是猿啼處，滿目傷心悔上樓。」

沈括過著閒居的生活，慢慢的他發現隨州竟是個天然的草藥園。吟詩讀書之餘，他便去拜訪藥農，識別草藥。走訪各家，搜集民間中醫的偏方和驗方。後來，沈括將收集到的醫術和藥方，著成《良方》一書。

沈括自幼身體羸弱多病，再加上長期秉燭夜讀，患了眼病。俗話說，「久病成醫」，沈括注意搜尋起醫書來。沒想到，漸漸的竟然對醫學產生了濃厚的興趣，開始對醫藥進行一番研究。

隨著醫學知識的不斷累積，他的藥用植物學知識已經十分廣博，並且還有自己的獨創。在所著《良方》一書中，他批評一些醫生只知醫法，不懂變通，他認為人的疾病是會受到自然界變化的影響，雖相隔數里，但氣候不同，相應的情況也會全然不同。隨著環境變化，會出現相應的流行疫病，應該根據當時當地的情況來治病，豈可以千篇一律？

同時，沈括從實物出發，辨別真偽，分析一物多名，糾正了許多古書上的錯誤。比如杜若就是高良薑，赤箭和天麻是同一藥……。

在採藥的時間和部位上，他也糾正了一些普遍的謬誤。例如，古代習慣在二月、八月採藥，他認為不妥，應視藥用部位是根、莖、葉、花還是果實，具體決定採收時間；他舉「人間四月芳菲盡，山寺桃花始盛開」為例，指出植物生長的地勢有高低，一年有幾熟，也因栽培上功夫不同，所以藥草生長並不一樣，要針對植物的實際生長情況和用藥的需要來確定採收時間。

沈括主張對症下藥，辨證施治，而不可呆板、硬性的規定「一君、二臣、三佐、四使」。他主張把藥性溫和厚實的定為「君」，其次為「臣」、「佐」，有毒者多為「使」。其實，「君」是一張藥方中的主藥，應該視病情而定。比如治療積食腹脹，應以巴豆之類的瀉藥為主，那麼即便是有毒的巴豆也成了「君」，就是主藥。

不朽之作《夢溪筆談》，綜合性的學術著作

沈括對科學的嚴謹態度，使他在晚年退休後著成了傳世之作——《夢溪筆談》。《夢溪筆談》是一部大型的綜合性學術著作，書中以大量篇幅記述了當時的政治、軍事、法律、人

事以及一些傳聞軼事、藝文掌故等。對賦役擾民、西北與北方軍事利弊及典禮禮儀和古代音樂演進，均有翔實記載。該書對於研究北宋社會、政治、科技、經濟等諸多方面有重要參考價值。

就性質而言，《夢溪筆談》屬於筆記類。從內容上說，它以多於三分之一的篇幅記述並闡發自然科學知識，這在筆記類著述中是少見的。因為沈括本人具有很高的科學素養，他所記述的科技知識也就具有極高價值，基本上反映了北宋的科學發展水準和他自己的研究心得，因而被現代人譽為「中國科學史上的座標」。

《宋史．沈括傳》說：「括博學，善文，於天文、方志、律曆、音樂、醫藥、卜算，無所不通，皆有所論著。」李約瑟則說：「沈括是中國科學史中最奇特的人物。」列寧也稱沈括為中國十一世紀「兩個偉大的人物」之一。

在《夢溪筆談》中，沈括詳細記載了勞動人民在科學技術方面的卓越貢獻，和他自己的研究成果，反映了中國古代，特別是北宋時期自然科學達到的輝煌成就。

《夢溪筆談》也記錄了沈括經歷過的一些科學事件：一次，沈括聽說某地發生了一起毆打致死命案，但前往驗屍時，卻怎麼也查不出死者的傷痕。後來聽了一位老者的指教，知縣命人把屍體抬到日光下，又用紅傘遮住陽光，那屍體上的各處傷痕頓時就清晰的現了出來。

沈括細細琢磨，反覆實驗，最後才明白這是濾光的效果。紅色油紙傘的作用，就像是今天的濾光器，皮下瘀血的地方一般呈青紫色，白光下看不清楚，但在紅光下卻能清晰顯現。

沈括把這次「紅光驗屍」的奇蹟記載在他的《夢溪筆談》中，給後代法醫、物理工作者很大的啟示。

《夢溪筆談》中還記載了關於光的直線傳播，沈括在前人所建立的基礎上，有更加深刻的理解。為說明光是沿直線傳播的這一性質。他在紙窗上開了一個小孔，使窗外的飛鳥和樓塔的影子成像於室內的紙屏上面進行實驗。根據實驗的結果，他指出了物、孔、像三者之間的直線關係。

沈括具有樸素的唯物主義思想和發展變化的觀點。他認為自然界事物的變化都是有規律的，而且這些規律是客觀存在的，不因人們的意志而轉移。他還認為事物的變化規律有正常變化和異常變化，不能拘泥於固定不變的規則。

唯物主義的思想傾向，使沈括十分重視勞動群眾的實踐經驗和發明創造，他不斷從勞動人民那汲取智慧和力量。沈括很尊重他們偉大的發明創造。在其所撰的《夢溪筆談》卷第十八《技藝》中，就詳細記載了宋代慶曆年間（一〇四一年至一〇四八年）出身「布衣」的畢昇所發明的活字印刷術。

觀察和描述事物非常細緻、具體、準確，沒有封建時代一般文人虛詞浮誇的壞習慣。因此透過他的記述，我們能夠明確判斷當時的生產技術和自然科學所達到的水準。例如，沈括有關雷電、海市蜃樓、龍捲風、地震以及隕鐵等自然現象的記載，非常細緻貼切而生動，使人們彷彿親臨現場。

在《夢溪筆談》中，記錄了一次常州地區發生的隕石墜落情景。有一天，正逢太陽下山的時候，天空中發出了一聲像雷鳴般的巨響，原來是一顆大隕石，幾乎像月亮一樣，在東南方出現。一下子又一聲巨響，這顆隕石移往西南方去了。再一聲震響後，這顆星就落在宜興縣一戶許姓人家的園子裡，遠近的人都看到了，火光明亮照天，許家的籬笆也全被燒毀。

這時火熄滅了，只見地面上有一個像茶杯大小的洞穴。往下探看，隕石就在洞穴裡面，發著微弱的光。過了好久，才逐漸暗下來，但是還熱得讓人不能靠近。又過了很長時間，挖開洞穴，共有三尺多深，發現到一塊圓形的石頭，而此時還是熱的，它的大小如拳頭，一頭略微尖些，顏色與鐵相似，重量也與鐵差不多。

《夢溪筆談》以提供豐富的學科內容，並具有很高的學術價值著稱於世，被譽為中國古代百科全書式的優秀著作。《夢溪筆談》的成功，為沈括贏得了無比的榮譽，他不僅是一位地理學家、物理學家、數學家、化學家、醫學家、天文學家、水利專家、軍事家等百科全書式的科學家，更是一位橫跨自然科學與人文科學兩大學科領域的「稀世通才」。

誣告蘇軾引發「烏臺詩案」

沈括大蘇軾五歲，卻晚他六年中進士。中國科學與人文的兩位大師很有緣分，曾在皇家圖書館當過同事。一〇六五年，蘇軾進入史館，而沈括在前一年調入昭文館工作。

短暫的同事經歷後，蘇軾於隔年父喪後回鄉兩年多，等他再返回汴梁，就與沈括走上了不同的政治道路。宋神宗熙寧二年（一〇六九年），王安石被任命做宰相，進行了激進的改革。沈括因為受到王安石的信任和器重，擔任過管理全國財政的最高長官三司使等許多重要官職。但蘇軾卻與改革家王安石意見相左，他與「保守黨」領袖司馬光一起，組成著名的反對派。

由於獲得了皇上的信任，王安石的改革進行得很順利，無人能阻擋。作為反對派代表，蘇軾被貶到了杭州擔任「二把手」的通判一職。而在當時，他已成了家喻戶曉的著名詩人。其間沈括作為中央督察，到杭州檢查浙江農田水利建設。

到了杭州，雖然政見不同，詩人蘇軾還是把沈括當老同事、好朋友。期間，蘇軾寫了很多詩詞，沈括就把蘇軾的新作抄錄了下來，回到京城後，他立即把認為是誹謗的詩句一一加以詳細的「注釋」，這些詩句是如何居心叵測，反對改革、諷刺皇帝等，然後上奏給皇帝。

例如，蘇軾歌詠檜樹的兩句：「根到九泉無曲處，世間唯有蟄龍知。」沈括說：「皇帝如飛龍在天，蘇軾卻要向九泉之下尋蟄龍，不臣之心莫過於此！」

但沈括不會想到，在他所提供的揭發材料上，李定等人混進改革派隊伍的投機政客會出來添油加醋、無限上綱，製造出了中國歷史上駭人聽聞的文字獄「烏臺詩案」。

宋神宗元豐二年（一〇七九年）蘇軾被逮捕，以「愚弄朝廷」、「無君臣之義」等罪名而入獄。蘇軾下獄後生死未卜，在等待最後判決的時候，他的兒子蘇邁每天去監獄給他送飯。由於父子不能見面，所以早在暗中約好：平時只送蔬菜和肉食，如果有死刑判決的壞消息，就改送魚，以便心裡早做準備。有一次，蘇邁因銀錢用盡，需要出京去借，便將為蘇軾送飯的事情委託朋友代勞，情急之中卻忘記交代朋友與父親暗中約定之事。偏巧當日那個朋友送飯時，給蘇軾送去了一條熏魚。蘇軾一見大驚，以為自己凶多吉少，他極度悲傷，揮筆為其弟蘇轍寫下兩首訣別詩：

「聖主如天萬物春，小臣愚暗自亡身。百年未滿先償債，十口無歸更累人。是處青山可埋骨，他年夜雨獨傷神。與君世世為兄弟，更結人間未了因。」

「柏臺霜氣夜淒淒，風動瑯璫月向低。夢繞雲山心似鹿，魂飛湯火命如雞。額中犀角真吾子，身後牛衣愧老妻。百歲神遊定何處？桐鄉應在浙江西。」

詩作寫成後，獄吏按照規矩，將詩篇呈交神宗皇帝。宋神宗一直很欣賞蘇軾的才華，並沒有將其處死的意思。只是想借此挫挫蘇軾的銳氣。當讀到蘇軾的這兩首絕命詩，感動之餘，也不禁為他的才華所折服。加上當時朝廷很多人為蘇軾求情，於是神宗下令對蘇軾從輕發落，貶其為黃州團練副使。轟動一時的「烏臺詩案」就此了結。

仁宗嘉祐七年（一〇六二年），沈括從東海調到陳州宛丘（今河南省淮陽區）任縣令。

他明白，這是靠他父親官職的餘蔭，因朝廷照顧而得來的官職。只要不犯上違令，就可以平平穩穩的升官，不會碰到多大風險。但是他胸懷宏大抱負，不願安享清閒，要憑自己的真本事大幹一番事業。

當時社會興科舉制度，要有所作為只有走應試中舉之路。而沈括自幼熟讀經典，詩文皆通，他決定參加翌年秋天的科舉考試。

沈括在這次應試中一舉及第，考中進士第一名，可以進京朝見皇上。仁宗賜給了他一個官職——揚州司理參軍，掌管監獄訟事。然而，就是這樣一位英才，卻在二十多年來與一位「河東獅吼」為伴，縱使血淚斑斑，他也一往情深。沈括前後有兩任妻子，第一任妻子葉氏因病亡故。第二任是淮南轉運使張蒭之女。

張氏是京城女子，年輕貌美，父親又是朝廷官員，與生俱來的貴族氣質令她飛揚跋扈，沈括處處依順著張氏。

後來，張氏的跋扈簡直到了令人髮指的地步。有一次，沈括不知為何惹怒了張氏，張氏衝上來一把揪住了沈括的鬍子，沈括看到面前那張猙獰可怖的臉，下意識躲閃著，張氏緊緊拽著鬍子不鬆手，沈括往後退想要掙脫，頃刻間鬍子和下巴分了家，沈括的下巴鮮血直淌，家人們嚇得捂住眼睛，不忍看這血腥的一幕。

在這之後，沈括怕張氏怕到了骨子裡，每次聽到張氏的聲音，忍不住渾身戰慄。沈括前妻之子博毅，被後娘趕出家門。沈括心中不忍，時常暗中接濟。張氏得知後，大發雷霆，竟然誣陷博毅偷盜。

沈括就是在如此的高壓氛圍中創作完成了《夢溪筆談》，這本在中國科學史上占有重要位置的著作，筆觸亦不乏幽默詼諧，捧讀令人忍俊不禁，不知沈括在敘述這些的時候，是否臉上有傷心中有淚。

元祐九年（一〇九四年）張氏去世了。素知張氏刁蠻暴戾的朋友慶幸沈括終於擺脫了苦難，沈括卻哭得一把鼻涕一把淚：「張氏不在了，我活著還有什麼意思？」從此，沈括痛不思食寢不安席，整日鬱鬱寡歡。一次，在江邊和朋友們提起了張氏，沈括一言不發，抬腳就要跳江尋短，幸好被朋友拉住了。就這樣，張氏走後一年，沈括也與世長辭。

沈括故居夢溪園

沈括三十多歲時曾做過一個夢，夢見他登上了一座景色秀麗的小山。山上有一條小溪，溪水清澈，溪魚清楚可見；溪邊綠蔭蔽野，不遠處丘陵起伏，花木繁茂，如同斑斕的錦繡一般。這美景令沈括心曠神怡，在夢中都笑出了聲。

十幾年後，沈括在安徽宣城任職時，遇見一位道人告訴他，長江南岸的鎮江是一個好地方，建議他在那裡購置一塊好地，作為日後歸隱之所。沈括聽從了他的建議，在鎮江東郊購置了一所十幾畝地的園子。

六年後，當沈括退出政壇來到這所園子時，他發現這園子竟然和他當年夢中情景相同，這使他非常高興。於是就將園中的一條無名小溪命名為「夢溪」。這園子也因此被稱為「夢溪園」。

晚年的沈括決定在夢溪園專心寫作，頤養天年。在幽靜的夢溪園裡，他閉門謝客，深居簡出。在夢溪園裡，他不停的寫，把他一生的經歷見聞、科學研究的成果，都一一寫下來。

現今的夢溪園是原夢溪園的其中一部分，占地兩畝，共計兩幢建築。前幢為清代修建的硬山頂平瓦房，坐東朝西，正門上方嵌有中國工程師茅以升題寫的「夢溪園」大理石橫額。後幢為清式廳房，坐北朝南，內有沈括全身像和文字圖片、模型、實物。展現了沈括在天文、地理、數學、化學、物理、生物、地質、醫學等方面的科學成就。室內兩對抱柱上的對聯是沈括一生的高度概括和評價，左側寫的是：

沈酣於東海西湖南川北國之遊夢裡溪山尤壯麗，

括囊乎天象地質人文物理之學說筆端談論縱橫。

右側寫的是：

▲夢溪園（沈括故居遺址）。

數卷奇文物志無心勻翠墨，
一鈎初月南航北駕為蒼生。

「夢溪」兩個石刻的大字，是沈括的手跡。那巍然站立的沈括塑像，青衣便髻，左手托著隕石，右手撫展卷面，默默的研究，永不停息的深思……。

第五章

兒科之聖錢乙，開創小兒科診斷先河

錢乙一生專注兒科，曾用一帖黃土湯替皇太子治病，所創製的「六味地黃丸」，也被認為是開闢滋陰派的先驅。

北宋仁宗年間，在山東鄆州（今山東省東平縣）的一個村落裡，有一名男子，正在收拾行囊。在他的對面，有個三歲的小男孩，正坐在板凳上睜大眼睛看著他。這個小男孩，就是錢乙。他的父親錢顥，一邊收拾行囊，一邊對錢乙說：「兒子，你媽死得早，以後就只有靠你自己了。」

年幼的錢乙不理解他在說什麼，只是瞪大眼睛聽著。錢顥用力打好了最後一個結，說道：「我要去尋找神仙了，如果找到了，我會回來帶你一起成仙，如果找不到，今天就是我們父子倆訣別的日子。」

錢乙還是呆呆的看著父親。錢顥將幾文錢放在錢乙身邊，拍拍小錢乙的腦袋，然後拿起酒壺，喝了口酒，背上行囊，出門揚長而去。

錢乙的姑媽心地善良，早年出嫁到姓呂的醫生家裡。看到哥哥狠心把錢乙拋棄，她就把錢乙帶回家。姑媽家只有一個女兒，便把錢乙當作了自己的親生兒子看待。

在姑姑一家人的照料下，從小就失去父母的錢乙得到了健全的家庭生活，從表面上看，他的臉上洋溢著幸福的微笑。但是，人們總覺得這個孩子有點不同，這種不同表現在他跟隨姑丈出診的時候，如果遇到了患病的孩子，看到孩子孤獨、痛苦的表情時，他的眼睛裡會同樣被痛苦灼傷。

有天村子裡張鐵匠家兩歲的孩子病了，不知道是什麼病，高燒、抽搐，吃了藥也沒有效果，錢乙在旁邊，當看到孩子無助的目光時，錢乙也感到了疼痛。他彷彿看到了這個孩子陷入了黑暗中，被人世間孤單的拋下，這種感覺錢乙似曾相識。

孩子最後還是死去了。錢乙坐在院子外面很久，望著遠方，說不出一句話來。當時是個秋天，旁邊棗樹的樹葉隨著風慢慢飄下，更透出一種無法言語的淒涼。

回到家裡，呂氏拿出了一本很舊的書給錢乙。錢乙詫異的望著姑丈，姑丈說：「如果你有心於此，就看看這本書吧。」錢乙接過書一看，只見封面上寫著《顱囟經》三個字，忙問道：「這是什麼書呢？」姑丈說：「這是專門治療小孩疾病的醫書，你可以好好看看。」錢乙好奇的翻開了書，又問：「為什麼治療小兒的書這麼少呢？」姑丈嘆了口氣，說：「那是因為小兒的病難以治療啊。」

錢乙不解的問：「為什麼難以治療？」姑丈摸著錢乙的頭，無奈的說：「因為小孩子自己不會說話，沒辦法說清病情，還不配合診脈，所以不好診斷啊。還有，他們的臟腑嬌嫩，用藥稍微錯一點就會釀成大禍，所以大家說：寧治十大人，不治一小兒啊。」錢乙點著頭，目光變得堅定了起來，「原來是這樣啊，那麼我就好好的學習治療小兒的病吧！」

就在這樣的日子裡，錢乙度過了他獨特的童年，十歲那年，姑丈讓小錢乙上了私塾。每天放學回來，錢乙仍保持兒童時的習慣，坐在姑丈身邊，看他開藥方治病。時間長了，錢乙發現來找姑丈看病的多數都是窮苦人。

他們看完病後往往露出為難的神色說：「呂大夫，我只有這點錢，恐怕不夠付藥費吧？」姑丈總是說：「沒關係，沒關係！」有的人實在身無分文，就只好留下幾個雞蛋或一把青菜當作藥費，姑丈也從不計較。他告訴錢乙說：「做醫生以救人為本，不能像商人一樣唯利是圖。只要看好病就是醫生的最大快樂。」

呂氏純潔的心靈、高尚的醫德和對窮苦人的深厚感情，使錢乙受到了良好的教育。十四歲時，念過五年書的錢乙已成了姑丈的得力助手。他主動幫姑丈抄藥方、配藥，給病人上熱敷、針刺等，既幫了姑丈的忙，又學到了醫療知識。到了十七、八歲時，錢乙已經可以單獨處理一些小病了。

有一天，錢乙送走一位小兒病人後告訴姑丈：「我認為，有許多病都是兒時得病的後遺症，可見治癒小兒病非常重要。」

「你說得對，可惜姑丈在這方面醫道太淺，以後，你就在這方面下功夫吧。有志者事竟成，以後家裡看病我承擔，你抽時間看看書，到外面走走，對提高醫道是有好處的。」姑丈誠懇的說。

在姑丈的鼓勵和支持下，錢乙決心摸索兒科疾病，讓孩童少遭夭折，讓老人少受喪子之悲。他把古醫經中所有兒科病的資料都集中到一起，加以對比研究，並跑遍各地，邊行醫，邊廣泛採集民間治療小兒科病的土方。

經過幾年努力，他終於在漢代名醫張仲景總結的「辨證施治」（按：蒐集臨床資料，運用這些資料作診斷）的基礎上，摸索出一套適合小兒用的「五臟辨證施治法」，還研究出幾十種專治小兒病的藥方，成為一代名醫。

錢乙開始在學習《傷寒論》等經典的同時，更加著力在《顱囟經》的學習上，當時誰也沒有想到，這本《顱囟經》在呂氏的手裡沒有學出大的名堂，在錢乙那裡卻創造了一個非凡的成就。

這就是錢乙的少年時代，白天和姑丈出去診病，晚上在家裡苦讀醫書。在這樣的日子裡，錢乙一天一天的長大了。

由於鄉村的醫療資源不足，於是在出診之餘，錢乙就跟著姑丈到山裡採藥。平時認真鑽研《內經》、《傷寒論》、《神農本草經》等。特別是《神農本草經》，所下的功夫很深。他特別精通《本草》等書，分辨其中正誤和遺缺的地方。有人找到奇怪罕見的藥物，拿去問他，他總能說出該藥生長的過程、形貌特點、名稱和形狀方面與其他藥的區別。把它說的拿回去與書對照，都能吻合。這讓大家無比佩服，覺得錢乙是學醫的天才。

在錢乙二十歲的時侯，姑丈去世了。這位慈祥的鄉村醫生培養出中醫兒科的奠基人，卻連自己的名字都沒有留下，在他逝世前還告訴了錢乙的身世。錢乙悲痛欲絕，但錢乙哭完後想了想，對姑丈說：「是您把我撫養成人，我一定像對待親生父親一樣對待您。」安葬了姑丈以後，呂氏一家只剩下比錢乙大的一個女兒。

古代規矩，父母喪期不能結婚；但是如果父母雙亡，女兒出嫁反算是大孝。早熟的錢乙開始以家長的身分為姐姐張羅婚事。很快，弟弟就為姐姐找好一戶人家。到姐姐出嫁的日子了，錢乙穿戴上了自己最乾淨的衣服，以女方家長的身分送姐姐出嫁。

時辰到了，鞭炮響起，大門打開了。大家看到這個家裡僅剩下的兩個人走了出來，姐姐和弟弟。在姐姐坐上轎子的那一刻，錢乙的眼淚流了下來，他閉上眼睛，心中默念：「姑姑、姑丈，你們該安息了！」

婚禮後，錢乙把姑丈留下來的房子賣掉，然後把錢送到姐姐那裡。姐姐看他背著行囊很詫異：「弟弟，你要去哪裡呢？」錢乙說：「姐姐，這裡的事情都結束了，我要去尋找我的父親了，如果他活著，他該需要我了。」

從此，錢乙踏上尋找生父錢顥的路途。錢乙聽說父親是到東海裡找神仙去了，便直接在海邊搭一間小屋，隔段時間便乘船出海。前幾次，錢乙總是乘興而出，敗興而歸。大約第五次的時候，他出海到一個無名小島上，撿到一張關於醫書的破紙。這讓他非常興奮，因為他感覺是冥冥之中有神在指點。

果然皇天不負有心人，下一次出海後，在另一個無名小島上，他看到一間小屋，屋裡有個滿面鬍鬚的中年男人正在看書。當錢乙激動的說「我叫錢乙」時，那中年男人先是愣了愣，隨即喜極而泣。父子倆自是一番深談，然後一起踏上回家的路途。父子二人一路走走停停，花了好幾年才回到鄉里。

錢顥最終過上了幸福的晚年。回到鄉里，鄉親們都被感動了。這才是真正的孝順。老子拋棄兒子，兒子長大後，把父親接回來養老了。鄉親們被錢乙的孝行所感動，紛紛當作教育子女的活教材，而鄰里的秀才們專門為他寫詩立傳，流傳四方。

一帖「黃土湯」救了皇太子

宋神宗元豐年間（一〇七八年至一〇八五年），錢乙前往京城開封行醫，治好了不少疑難雜症，一時間在京城聲名鵲起。這一年，宋神宗的姊妹長公主的孩子病了，請遍了皇宮中的太醫、京城的名醫，給的診斷都是泄痢，這種病在當時很難根治，這可把長公主的全家上下急壞了，大家都惶惶不安，擔心孩子的安危。

這時有人突然想起了錢乙，於是趕緊對長公主說：「這位錢乙治療小兒病可是真有功夫，在民間傳得很是神奇。」長公主一聽，焦躁不安的心裡立即生出了一線希望，急忙說：「那還等什麼啊，趕緊派人把這位錢乙大夫請進府來。」

當晚，錢乙正在家中飲酒，已經喝得有些醉了。駙馬府上的人來到錢乙家裡，二話不說就把錢乙帶到了駙馬府。錢乙一身酒氣被帶到重重帷幕之內，他睜開醉眼一看，床上躺著一個生病的孩子，錢乙的神智才開始清醒起來，酒也醒了大半。他認真的對患兒進行診斷，然後長長的吐了口氣，退了出來。

駙馬很著急，忙問：「怎麼樣？」錢乙回答：「沒問題。」駙馬一聞：怎麼一股酒氣？膽子太大了，駙馬當時氣得變了臉色。錢乙不慌不忙的說：「請駙馬不用擔心，小孩的身上很快就會發疹子，疹子發出來就好了。」駙馬一聽，更惱火了：「你給我閉嘴！明明患的是泄痢，和出疹子有什麼關係！你實在是個庸醫。」然後一巴掌把桌子給拍掉了一個角：「來人，把這個鄉下土郎中給我轟出去！」錢乙聽了，一言不發，轉身就走。

第二天，駙馬和長公主正在一籌莫展之際，孩子突然出了疹子，精神也變好了。兩人覺得奇怪，這醫生還真知道這病的發展嗎？駙馬再去請錢乙，之後又經複診，用了一些藥，後來病澈底好了。長公主覺得奇怪。納悶的問錢乙：「您怎麼知道出疹子就會好啊？」錢乙回答：「我昨天已經看到有微微的疹點，疹子外發，毒邪有外透之機，不至於內閉，當然就有讓正氣得以恢復的機會了，所以斷定人死不了。我再用藥輔助正氣，讓毒邪全部泄出，病就好了。」大家一聽，都覺得他高明。駙馬和公主很感謝他，便把他高超的醫術奏明皇帝，並授予他一個虛銜。

一天，神宗皇帝的太子儀國公突然生病，請了不少名醫診治，但是毫無起色，病情也越來越重，最後發展到抽搐。神宗皇帝見狀十分著急。這時，長公主向神宗皇帝推薦錢乙來診病，於是錢乙被召進宮內。神宗皇帝見錢乙身材瘦小，貌不出眾，有些小看他，但是既然召來，只好讓他為太子儀國公診病。

錢乙從容不迫的診視一番後，要過紙筆，寫了一帖「黃土湯」的藥方。心存疑慮的神宗皇帝接過藥方一看，見上面有一味藥竟是黃土，不禁勃然大怒：「你真放肆，難道黃土也能入藥嗎？」錢乙回答：「據我診斷，皇太子儀國公的病在腎，腎屬北方之水，按中醫五行原理，土能克水，以土制水，水平風息，所以此症當使用黃土。」宋神宗見錢乙說得頭頭是道，心中的疑慮已去幾分。

正好這時皇太子儀國公又開始抽搐，皇后在一旁催促道：「錢乙在京城診病頗有名氣，他的診斷很準確，皇上勿慮。」於是，皇帝命人從爐灶中取下一塊焙燒過很久的黃土，用布包上放入藥中一起煎汁。皇太子儀國公服下一劑後，抽搐症很快止住。服用黃土湯數劑後，疾病奇蹟般痊癒了。這時宋神宗才真正信服錢乙的醫術。由於錢乙醫術精湛，待人謙和，神宗皇帝提升他為太醫丞。自此，錢乙名揚天下，後來被尊稱為「兒科鼻祖」。

黃土入藥聽來奇怪，但其實還是有根據的，不過用的不是普通黃土，而是灶心土，也就是在灶臺下經過反覆烘烤過的黃土。灶心土還有一個好聽的名字叫「伏龍肝」，它的作用主要是溫中止血。這一下大家就明白了，灶心土得了灶火的烘烤，性質發生了變化，才具有溫中的作用。

用現代醫學的眼光來看等錢乙的治療思路，其實很簡單：孩子「肝風內動」，產生抽搐的原因不在於缺水，而在於水太多。「脾土」因此而不固。而「肝屬木」，土又生木。因此，補足脾土才能固攝住「肝木」，治好抽風症。

現在很多孩子都有兒童抽動症，平常擠眉弄眼，總閒不住，且臉色發黃、身體瘦弱。這樣的孩子可以考慮從脾入手進行調理。只要補足脾土，孩子的情況可能就會得到緩解。補脾的食物有很多，山藥、蓮子、薏米、芡實等都可以。不過，錢乙當年所用的「灶中黃土」在今天已經很不適合了。

編寫《小兒藥證直訣》，現在最早兒科專書

鄰村有個孩子叫做閻季忠，這個孩子在五、六歲時，患了好幾次病，這病重得連好多大夫都說治不了了，準備後事吧。孩子的父親是個讀書人，在京城做官，急得像熱鍋上的螞蟻，坐立不安，後來就有人告訴他：「錢乙醫術高超，遠近聞名，估計人家能有辦法，你不妨試一試。」

於是孩子的父親就把錢乙請來，結果錢乙很快就把閻季忠給救活了。從那以後，兩家還成了朋友。閻季忠長大了以後，看到錢乙救了這麼多的人，深感佩服，為了使兒童免遭夭折的命運，他就把錢乙老師經常用的藥方和方法給記錄了下來。

還有一個孩子叫董及之，這個孩子當時也病得不輕，他患的是斑疹，由於治療不當，斑疹已經黑紫內陷，說明正氣已經大虛，如果再不及時搶救就會導致死亡了，家長這個時候真是急瘋了，怎麼辦呢？這時有人提出來：「聽說錢乙治療小兒病是手到病除啊，怎麼不請來試試呢？」

一句話讓董及之的父母如夢初醒，於是趕快請來了錢乙。結果錢乙用一種叫牛李膏的藥，給孩子服下去後，孩子就開始拉出像魚子那樣的排泄物，接著斑疹開始變紅，最後慢慢的發了出來。

孩子救活以後，家裡人驚奇無比，就問錢乙：「錢老師，您太厲害了！可您用的這個牛李膏是怎麼做的啊？您能告訴我們嗎？萬一孩子以後再患這個病呢，我們也好一試？」錢乙就直言相告：「其實牛李膏就是牛李子，等到九月分後摘下來，熬成膏，放進一點麝香就可以。」給董及之看完病以後，錢乙也就把這個事情給忘了，患者太多，有時想記住都難。

後來，錢乙年老時，從太醫丞的位置上退了下來，回到故鄉。一天，有個叫董及之的年輕醫生來拜見他。

董及之？錢乙怎麼想都想不起來這個名字，那就請進吧。董及之進來，拜見錢乙後，拿出了自己寫的一個小冊子，叫《董氏小兒斑疹備急方論》。錢乙打開來一看，大吃一驚，連聲讚嘆：「寫得好啊，這都是我平時研究的內容，可我還沒來得及寫出來呢，你居然已經掌握了，真是長江後浪推前浪啊！而且還如此願意把自己的心得寫出來傳授給大家，真是難得。這樣吧，我來給你寫幾句評語放在卷尾。」看來這錢乙是真的看好這位年輕醫生，就以太醫丞的地位給他寫幾句話。

寫完錢乙就問，你怎麼會找到我這裡的呢？董及之說：「您可能不大記得了，我小的時候您救過我的命啊！」然後提了些細節，錢乙這才想了起來，原來是這個孩子啊，現在已經長得這麼大了，還成了一個醫生！

董及之成為一個什麼樣的醫生呢？當時有人描述了他的行醫風格：「往來病者之家，雖祁寒大暑，未嘗少憚」，意思是說，無論嚴寒或酷暑，只要有患者來找，他都立刻奔赴患者家中，患者中有貧窮的，他也會給予接濟救助。

錢乙以精湛的醫術，救活了一個孩子，而這個孩子，在這種高超醫術的感召下，最終成為了一個優秀的醫生。醫道，也就是在這樣的過程中傳承下來的。

後來，當錢乙的書《小兒藥證直訣》出版的時候，就把董及之的這個小冊子也附加在書尾一起給出版了。這本小冊子裡面包含了很多溫病的治療思路，是後世溫病學派的眾多起源之一。

此外，他把古今有關兒科資料一一研究。由於錢乙對小兒科做了四十年的深入鑽研，終於摸清了小兒病診治的規律，累積了豐富的臨床經驗，著有《傷寒論指微》五卷，《嬰孺論》百篇等書，但皆散失不傳。現存《小兒藥證直訣》，或叫《小兒藥證真訣》是錢乙逝世後六年，由他的學生閻季忠將他的醫學理論，醫案和經驗，加以搜集、整理而成的，是中國現存最早的兒科專著，在兒科發展史上占有重要地位。

在錢乙之前，有關治小兒病的資料不多。據《史記》所記載，東漢曾有《顱囟經》，隋朝巢元方的《諸病源候論》、唐代孫思邈的《急備千金要方》，也有關於兒科病的記載。到宋初，有人冒名撰寫《顱囟經》二卷，談到了小兒脈法，病症診斷和驚癇、疳痢、丹毒、雜證等的治療方法。

錢乙對這部書反覆研究，深有啟發，並用於臨床。錢乙還借助於《顱囟經》的「小兒純陽」之說的啟示，在張仲景總結的辨證施治的基礎上，結合自己的臨床實踐，摸索出一套適應小兒用的「五臟辨證法」。

錢乙認為小兒與成人相比較，在生理、病理上有其自身特點。如小兒在生理上「五臟六腑，成而未全，全而未壯」，在病理上「臟腑柔弱，易虛易實，易寒易熱」。因此，其感受邪氣（按：指外部的致病因素，如：風、寒、溼、暑、燥、火等）之後，往往較成人的抗邪能力降低，易為邪氣所傷。

另一方面，邪氣侵犯人體之後，由於小兒臟腑氣血未充而柔弱，邪氣損耗正氣，易於使小兒正氣受損。其陽氣不充盛，被耗傷則生寒；其陰氣不充足，被耗傷又可生熱，故而病理上虛、實、寒、熱變化迅速。

錢乙的這一理論，為正確掌握小兒疾病的發展變化規律，奠定了理論基礎。因此，在小兒疾病的具體治療時，他反對妄下定論。認為對於兒科疾病，除非必下不可之證，可以根據年齡體質以及正邪情況酌情使用外，一般藥方不宜隨意使用。

此外，錢乙在《內經》、《金匱要略》、《中藏經》、《急備千金要方》的基礎上，將五臟辨證方法運用於小兒，為兒科臨床治療提出了辨證方法。

他認為「心主驚」、「肝主風」、「脾主睏」、「肺主喘」、「腎主虛」。其中，錢氏十分重視臟腑寒熱虛實的辨析，而且針對不同的病症提出了一系列相應的治療方法。可以說是當時非常有系統的臟腑辨證體系，雖不到十分全面，但已經有初步的框架，對中醫臟腑辨證學說的形成做出了貢獻。

錢乙強調五臟辨證，其制方調劑多圍繞著五臟虛實寒熱而設，例如心實熱用導赤散，心虛熱用生犀散；肝實熱用瀉青丸，肝虛熱用六味丸；脾虛用益黃散，脾溼熱用瀉黃散；肺虛用阿膠散，肺熱用瀉白散；腎虛用六味地黃丸等。

其制方原則重視選藥柔和，反對使用太過強烈的藥物。而錢乙的這種用藥原則是針對小兒特點而設立的。此外，錢乙在處方調劑時大都根據前人經驗，並結合自己的體會，靈活運用，創立新方。如同他創立的地黃丸，就是在腎氣丸的基礎上減去肉桂、附子而成。

養孩子要七分飽、七分暖

錢乙在臨床用藥上，還常常根據兒科的特點選用丸劑、散劑、膏劑等。這些成藥，可以事先製備，適應於兒科疾病起病急、變化快的特點，便於及時服用，易為小兒所接受。

錢乙的「保養養生法」後來也被證實是有科學根據且有實效的養生方法。錢乙曾說過：「欲得小兒安，常要三分飢與寒。」就是說，小兒臟腑嬌嫩，消化吸收功能還不健全，**保持七分飽，臟腑就不容易受損**，孩子不願意吃飯，不必追著餵飯，孩子餓了，自然有吃的意願。小兒陽氣充足天性好動，如果衣服過暖，容易出汗受涼，導致傷風感冒，因此，**讓小兒處於「七分暖」的環境中，不容易患咳嗽、哮喘等病**。

以上方法也同樣適用於成人，錢乙主張飲食、穿衣不可太過，即：不可食之過飽，穿得過暖。精美之物或喜食之品不宜食之過多，因為偏食使人體對各種營養成分攝入不足，使人瘦弱；吃得太多會造成病患過胖。

錢乙最初是以使用小兒科的《顱囟經》而出名的。朱氏有個五歲的孩子，白天無事，但到了夜裡就開始發熱，有的醫生當傷寒治，有的醫生當熱病治，不論哪種方法，始終都治不好。病兒的症狀是多涎（口水分泌多）且嗜睡。別的醫生用鐵粉丸治療，病情反而更加嚴重，甚至出現了口渴的症狀。

錢乙則說：「不能用此法治。」於是拿白朮散末一兩煎水三升，使病兒飲服。朱氏問道：「喝多了不會腹瀉嗎？」錢乙答道：「不滲進生水在裡面，是不會瀉的。縱使瀉了也不足怪。」朱氏又問：「先治什麼病？」錢乙說：「止渴治痰、退熱清裡，都靠這味藥。」到了晚上藥服完後，錢乙看看病兒說：「可再服三升。」病兒服完，狀況稍微好轉。第三日，又服白朮散水三升，那個病兒再不口渴，也沒有流口水了。接著錢乙又給小兒服兩劑阿膠散（又名補肺散、補肺阿膠湯），由阿膠、牛蒡子、甘草、馬兜鈴、杏仁、糯米組成，病就完全好了。

一〇七九年，錢乙這個土郎中的兒子，因為治好當時太子的病，才四十幾歲的他，一下子進入了太醫的行列，令原本的太醫們瞠目結舌。有些人固然佩服他，但更多的人是嫉妒。他們私下議論：「錢乙治好太子的病，不過是巧合罷了！」有的說：「錢乙只會用土方，真正的醫經恐怕懂得的不多。」

一日，錢乙和弟子正在為患者治病，有位大夫帶了一個錢乙開的兒科藥方來討教。他略帶嘲諷的問：「錢太醫，按張仲景《金匱要略》八味丸，有地黃、山藥、山茱萸、茯苓、澤瀉、丹皮、附子、肉桂。你這處方好像少開了兩味藥，大概是忘了吧？」

錢乙笑了笑說：「沒有忘。張仲景這個方子，是給大人用的。小孩子陽氣足，我認為可以減去肉桂、附子這兩味益火的藥，製成六味地黃丸，免得孩子吃了過於暴熱而流鼻血，你看對嗎？」這位大夫聽了，連聲道：「錢太醫用藥靈活，酌情變通，佩服佩服！」弟子趕緊把老師的話記下來，後來又編入《小兒藥證直訣》一書。

就這樣，**錢乙所創制的「六味地黃丸」流傳下來。即使在中成藥種類繁多的今天，知道六味地黃丸的人可能最多了。**曾經的小兒用藥，現已成為滋陰補腎的常用藥，臨床上用於腎陰虧損、腰膝痠軟、頭暈目眩、耳鳴耳聾、盜汗。

六味地黃丸原是張仲景《金匱要略》所載的「崔氏八味丸」，即八味地黃丸的簡化版，錢乙把八味地黃丸裡面的桂枝和附子這種溫補的藥物去掉了，變作六味地黃丸，用來當作幼科補劑治療小兒先天不足、發育遲緩等病症，這對後世宣導養陰者起了一定的啟發作用。如金元四大家（按：金、元兩朝的四大醫學流派）之一李東垣的益陰腎氣丸，朱丹溪的大補陰丸方，由黃柏、知母、熟地黃、龜板、豬脊髓組成，都是由此藥方變化而來。因此，有人認為**錢乙是開闢滋陰派的先驅**。

對症下藥，採取客製化治療

錢乙退休以後，就隱居在鄉間的屋舍裡。他閉門不出，安詳的坐臥在一張床榻上，接待登門求治的病人。錢乙家的門前，每天都擠滿好多看病的人，有攙扶著來的老弱病人，也有抱著來的小孩子；有同飲一井水的鄉鄰，也有來自百八十里以外的病患。

不管是誰，錢乙都仔細的看病、開藥。病人愁眉不展而來，在感謝聲中離去。在人們感謝錢乙醫術、醫德的時候，錢乙總是笑容滿面的，可是人們不知道，在背後，錢乙也被病魔折磨著。年輕時他為了尋找父親，多少次餓著肚子在大海中與海浪拚搏，這樣落下了個風溼的病根，現在開始找上門來了，他的全身開始疼痛，四肢的運動也開始出現了障礙。

錢乙給自己診斷了以後，心中暗驚：這是可怕的周痹（按：一種以全身持續疼痛為特點的風溼病，如現代的一些風溼、硬皮病、紅斑狼瘡等疾病）的病徵，如果這種病邪侵入到內臟，則是會致命的，怎麼辦呢？我還有那麼多的事情要做啊！在考慮了很久之後，他終於決定，用藥力把病邪逼到四肢去，這樣可以保住性命，於是他自己配了藥物，開始服用。在服用了一段時間以後，他發現自己的左胳膊和左腿開始慢慢不能動了，身上的其他部位卻恢復了功能，這才放心。

這是一種特殊的治療方法，可以緩解致命的疾病，在古代的中醫文獻中有很多記載，但現在很少有人會使用。他請親戚上山去幫他採一種名叫茯苓的藥，茯苓是在松樹根部的植物，而菟絲則寄生在此植物身上。

錢乙讓親戚在看到菟絲時點火，燒到盡頭，就在那裡往下挖，果然挖出來了茯苓。雖然左手不方便，但錢乙還是表現得和沒病的人一樣。選用茯苓來善後調理，原因在於風寒溼熱這些邪氣，其中三種是無形的，只有溼是有形的，只要把溼邪瀉掉，無形的就無所附著。而茯苓的功效就是瀉溼，其他病徵也就隨著溼氣散了。

身體恢復以後，他仍然繼續沒有一天閒暇的診病生活。有一天，突然來了聖旨，請他進京。原來此時宋神宗駕崩，哲宗繼位。宋哲宗的情況特殊，是第六子，神宗病危時立為太子。宋哲宗繼位時才十歲，大臣們很擔心他的身體。

小兒病不好治療，如果再出事怎麼辦？大臣們想只有錢乙出面來解決，召回才能保證安全。召來後，錢乙可不容易回家了。他以大局為重，這次留在太醫院很長時間，等到皇帝長大了，才真正告老還鄉。

這時的錢乙醫術已經爐火純青，有一張姓人家，三個孩子都生病了，症狀同樣是出汗，但部位都不同；一個全身都出汗，一個是上至頭頂下至胸，最後一個則是前額有汗。醫生一看，連出汗都有花樣，不知道怎麼治。反正開藥方，專治出汗吧。但所有藥方沒一個有效，張氏看事態嚴重，找來錢乙，他問診後立刻說：「大的給香瓜丸，次者吃益黃散，小者服石膏湯。」

就出汗不同分別開了處方，說明病有虛有實，有寒有熱，不能都用同一個方法。第一個是熱邪侵襲了身體，第二個孩子是脾胃虛弱，虛實夾雜，需要調理脾胃。第三個小孩是臟腑有熱，要用石膏清熱。這說明錢乙根據患者症狀不同，採取個人化治療，在當時可說是醫學的至高境界。

有一次錢乙偶然路過一個相識的老人家，聽見有嬰兒的啼哭聲，錢乙表現出非常驚愕的樣子，問：「這是誰家的嬰兒在哭啊？」老頭很興奮的介紹：「這是我的孫子啊，我家裡剛剛生了一對雙胞胎，還是男孩子呢。」錢乙嚴肅的說：「一定要好好的照顧啊，現在能不能活還不一定呢，要過了一百天才算平安啊。」有這麼說話的嗎？人家大喜的事情，您來個還不一定活呢。看來這個老朋友還是挺客氣的，只是表面上不悅而已，說了句「送客」也就算了。結果不到一個月，孩子真的病了，因為找不到錢乙，最後很快就都過世了。這件事說明錢乙可以透過嬰兒的聲音來判斷其健康情況。

某天，京運使只有八歲的孫子病了，咳嗽、氣短、胸悶。一開始請了其他的醫生，這個醫生診了病後，很有把握的說：「此乃肺經有熱所致。需要用涼藥治療，用竹葉湯、牛黃膏每天各服用兩次，保證痊癒。」可是，治療效果很糟糕，原來只是咳嗽，服下這個藥後，竟然開始氣喘。

這下急壞了京運使大人，他趕快請來錢乙，錢乙診完脈問：「服用的什麼藥啊？」醫生回答：「竹葉湯、牛黃膏。」錢乙問：「服用這兩個藥是想治療什麼呢？」醫生說：「用來退熱、退涎的。」錢乙接著問：「這個病是什麼熱發作的呢？」「是肺經熱，所以才咳嗽，咳嗽久了才生痰涎。」錢乙又問：「那麼竹葉湯和牛黃膏是入什麼經的呢？」醫生一怔：「是入心經的。」「既然是肺熱，你用入心經的藥做什麼呢？這個孩子不是肺熱，而是肺虛，同時感受了寒邪，應該是先補肺，同時散寒，此時千萬不可用涼藥。」錢乙的一番話，說得那位醫生心服口服。最後，錢乙很快就把這個孩子的病給治好了。

有個哺乳期婦女因為驚嚇而得病，病癒後眼睛睜著閉不上。錢乙說：「用酒煮郁李仁給她喝，直到喝醉就能治好。之所以這樣，是因為眼睛和肝、膽兩內臟相連，人受到恐嚇後，氣在膽內鬱結不通，導致膽氣無法下行。而郁李仁能通鬱結，其藥力隨著酒進入膽中，鬱結散了、膽氣下行了，眼睛也就能閉上了」。病人喝了郁李仁酒後，果然就好了。

還有個孕婦得了病，別的醫生說必須墮胎。錢乙看了後，卻說：「妊娠是五臟輪流滋養胎兒，大致要六十天才會更換到下一臟器。等到應補該臟器的月分，就按五行滋養胎兒的次序，去補充母體的某一臟器就好，怎麼需要流產呢？」過了不久，胎兒和孕婦都得以保全。

有一士子得了怪病，面色發青而顯得光亮，呼吸哽塞不暢。錢乙說：「肝剋肺，這是反剋的症狀。如果在秋天得這個病，還可以治好；現在已是春天，不能治了。」那個人苦苦哀求，只好勉強給他開藥。第二天，錢乙說：「我的藥一再瀉肝，卻絲毫沒有減輕肝的氣勢；再三補肺，反而越補越虛；並且又增加了嘴唇發白的症狀，按理最多能活三天。但現在病人還能喝粥，死期應當能超過三天。」病人果然在五天後去世。

某王的兒子得了上吐下瀉的病，一位醫生給他開了溫燥的處方，結果又增加了喘症。錢乙說：「這本來是中焦有熱，脾臟已經受到傷害，怎麼還用溫燥的藥呢？這會造成大、小便不通的。」他便給病人開了（大涼性的）「石膏湯」。某王不相信應服這樣的藥，把他謝退了。結果兩、三天內病情逐漸加劇，最後還是按照錢乙說的辦法把病治好。

有家皇族的小兒得了病，錢乙診斷後說道：「這個病不用服藥就能痊癒。」那個小孩的弟弟在旁邊，他就指著那更小的孩子說道：「這孩子會得令人驚恐的暴病，不過到了第三天的下午就可以安然無恙了。」那家人聽後很是氣憤，再也不搭理他。第二天，那個小孩子果然發起羊角風（癲癇），情勢十分危急，便召錢乙去治療，三天後就痊癒了。問他是怎麼回事，他說：「我見那孩子面如火色，兩眼直視，這是心、肝兩臟都受到病邪侵犯的表現。之所以下午才能好，是因為病邪當令的時辰會在那時變更。」

老黃家的兩歲孩子病了，本來是拉肚子，醫生們給了止瀉藥。十餘天後，孩子的病突然加重，瀉下的大便是青白色的，喝的奶都不消化，身上也涼了，每天開始昏睡，醫生們都說這個孩子危險了，已經病危了。老黃此時欲哭無淚，看著孩子平時玩的玩具，心如刀割，面對自己老婆的時候不敢哭，在沒有人的時候曾放聲大哭一次，晚上一閉眼，就是孩子平時的可愛的笑容，他的精神都要崩潰了。孩子還有救嗎？問了幾個醫生，大家都紛紛搖頭，不敢接手。一家人的心都涼到了谷底。在走了很遠的路以後，他們抱著孩子來到了錢乙的家。錢乙讓家人安頓他們住下，然後看孩子的病。仔細診斷後，錢乙慢慢嘆了口氣，說：「再晚確實就來不及了。」

大家都摒住了呼吸，聽他接著說：「治療這個病有點複雜，他們用的止瀉藥把病邪留在了胃腸之中，本應該給排出去，但孩子的身體弱，就要先補一下。」於是開了益脾散、補肺散，一天服用三次，服了三天。三天後，孩子的身體溫暖了。此時又開了白餅子，讓孩子大瀉一次，將腸胃裡的毒邪排除，然後馬上用益脾散，每天服用兩次補養脾胃（這是其治病訣竅，腸中毒邪不去，如果在這時進補則是閉門留寇，疾病永無癒期，一定要先排出毒邪後才能進補）。

在經過了這三個階段的治療後，小孩子的病很快就好了，臉上又出現了可愛的表情。老黃一家感激涕零，跪在錢乙的榻前說：「讓我們為您做些雜事吧，希望能夠照顧您的生活！」錢乙揮揮手，慢慢的說：「我已經是老朽一個了，哪裡還需要人照顧，你們去好好過你們的日子吧，日子還長著呢，回去照顧好孩子吧！」

在這樣的日子裡，錢乙慢慢老去，時光像是河流中的水，在無聲無息中流走。他已經記不起回到家鄉後這麼多年，到底治療過多少個患兒了，只知道自己每天都是在面對一個接一個的患者中度過的。人總是會老，總是要和這個世界告別，慢慢的，錢乙走到了他生命的最後的日子。

這天他起床後坐了一會，給自己診了一下脈，然後告訴家裡人，今天不出診了。他讓家人把自己的朋友請來，早飯後，大家坐著聊天聊了一會兒。在大家告辭時，錢乙特別起身相送。然後，他告訴家人：「給我換一身乾淨的衣服吧。」家人覺得很奇怪，大白天的換什麼衣服。衣服換好後，錢乙讓大家都去忙自己的事，自己就默默的端坐在床上，望著院子裡的孩子們。慢慢的，他的眼睛閉上了，享年八十二歲。

在錢乙去世後的某一個秋天。錢乙的墳前來了一位年輕人。他就是曾經得到過錢乙指導的年輕兒科醫生董及之。他在錢乙的墳前點上香，燒了些紙，然後跪倒，磕了三個頭。樹葉從旁邊的樹上紛紛落下，散滿了一地。他默默的站立了一會。然後，他拿起出診用的雨傘和藥箱。轉過身，繼續出診去了。

第六章

建築界祖師爺李誡，《營造法式》奠定工程技術標準

李誡是著名的土木建築、建築理論專家。他所著的《營造法式》，對各項工程制度、施工標準、建築材料的選材等，都有詳盡的記述，堪稱為古代建築的一部百科全書。

一〇三五年，李誡出生在一個官宦家庭。父親李南公在北宋王朝為官六十年，清正廉明，其兄曾任至龍圖閣直學士。

李誡從小頭腦就聰明，天賦異稟。在這樣的家庭長大，受家庭的薰陶，養成了他好學的品格。李誡的父母搜集各種書籍，以供他閱讀。勤奮的學習和淵博的知識，造就了李誡這樣一個多才多藝的人。他精於書法，篆、籀、草、隸，皆入上品，據說他家藏的幾萬卷書中，有好幾千卷是他親手抄錄的。他曾經用小篆體書寫《重修朱雀門記》一文，被朝廷下旨雕刻於朱雀門下。

中國建築史上的瑰寶《營造法式》，讓工程技術有統一標準

宋神宗元豐八年（一〇八五年），李誡的父親李南公時任河北路轉運副使。後來因父親的職位，李誡也取得曹州濟陰縣（今山東省曹縣）縣尉的職位。這份差使雖不是他的專長，但也取得了一定的政績。

七年後，即宋哲宗元祐七年（一〇九二年），李誡調到開封的將作監擔任主簿一職，專門管理宮殿、城郭、橋梁、房舍、道路等土木工程的建設，英雄終於有了用武之地。

任職於將作監的十三年中，他主持營建了不少宮廷建築，如五王邸、朱雀門、景龍門、

九成殿、太廟、欽慈太后佛寺等，都是精巧華麗的建築，也監造了一些官府公用的房屋，如辟雍（按：古代天子所設的大學）、尚書省、開封府廨、軍營房，規模都很大。

這些工程的修建使得李誡脫穎而出，官職也不斷提升：宋哲宗紹聖三年（一〇九六年）升為將作監丞；宋徽宗崇寧元年（一一〇二年）升為將作少監。次年外放，數月後又內調為將作少監。辟雍造成後，又升任將作監。

同時，他也贏得了宋徽宗的信任。如崇寧四年（一一〇五年），官員姚舜仁建議在開封南偏東的方位修建明堂，並繪製了圖樣，宋徽宗特命李誡參加明堂圖樣的審查工作。後來兩人合作，進一步完備了明堂圖。

李南公去世後，李誡返回鄉里奔喪。當時皇帝親自賞賜錢財百萬辦理喪事，以示優待。李誡以御賜而不敢推辭，但是請求施捨給寺院進行佛像的建造。由此可見李誡樂善好施的性情。服喪之後，赴虢州（今河南省靈寶市）擔任知州一職。

北宋王安石變法以前，朝廷一直奉行「不抑兼併」的土地政策，大批農民乃至一些中小地主都喪失了土地，許多中小工商業者也面臨破產。這不僅加劇了國內階級矛盾，而且使得國家賦稅來源日益萎縮。

另外，遼和西夏不斷騷擾北宋政權，國家戰事連綿，軍費開支浩大，再加上其他一些原因，致使北宋政府財政拮据，出現了巨額的虧空。為了挽救政治、經濟危機，宋神宗於熙寧二年（一〇六九年）初起用王安石為參知政事，實行變法革新。

王安石新法的主要內容在於「理財節用」和「整軍強兵」，其目的是想在不增加人民負擔的前提下，透過適當限制大官僚、大地主、大商人的一些利益，以緩和社會危機。當時，由於政治腐敗，統治者大興土木，建造了不少宮殿、花園、府第、官署和寺廟等，耗資巨大。另外，各項工程的建造規模、建築材料和工時等都缺乏統一的標準，既造成了損失浪費，也使得一些官吏趁機貪汙舞弊，中飽私囊。在人力、財力、物力上都很困難。

在統治階級的要求日趨豪華的情況下，為防止貪汙浪費，同時保證設計、材料和施工的品質，以更好的滿足統治階級的需要，熙寧年間（一〇六八年至一〇七七年），朝廷便下令由將作監編修《營造法式》一書。

經過大約二十年的時間，即宋哲宗元祐六年（一〇九一年），《營造法式》首次編成，稱為《元祐法式》。不過宋哲宗非常不滿意，並於紹聖四年（一〇九七年）敕令當時擔任將作監丞的李誡予以重新編修。

李誡並非出身科舉，而是由父蔭補官進入仕途的，他的官職主要靠工作實績而步步上升。在將作監，由主簿而丞（中層官員）、而少監（副首長）、而監（首長），多因完成重大工程而得以升遷。他是一個實幹家，也是建築工程管理的內行。當他接到敕命編修營造法式時，已在將作監工作了六年，主持過像五王府等一系列的重大工程，累積了相當豐富的經驗。所以他在《營造法式》中敢於批評過去那些主持工程的官員往往是外行，取笑那些不懂技術的官員，連確定房屋尺度這個基本法則都不知道，難怪建築業的積弊不能消除，也無法進行有效的檢察。

李誡在仔細研究了《元祐法式》以後，他認為：元祐本的《營造法式》只有建築材料的各種形狀，卻不包括原料的設計加工制度，而且工料尺度範圍太寬，缺乏一定的建築設計、施工等方面的技術規範要求，所以無法考據，可謂是一紙空文，難以付諸實用。為了更好的完成這一使命，李誡一方面廣泛參閱前人的《考工記》、《唐六典》、《木經》等有關建築方面的史書和專著，認真吸收其精華；另一方面非常重視當時工匠的實際經驗。

在編寫過程中，李誡特地訪問了數百名從事建築的工匠，以匠為師，同他們一起講究規矩，分析比較各種建築營造方法的優缺點，努力找出構件尺寸之間的相互比例關係，以其制定出科學的規範制度。

李誡所編修的《營造法式》可以說是中國古代勞動人民寶貴建築經驗的結晶。再加上他的親身體會和辛勤工作，到了元符三年（一一〇〇年），這部建築學著作終於大功告成。

自紹聖四年（一〇九七年）開始，到元符三年完成書稿，《營造法式》編修歷時四年。崇寧二年（一一〇三年），宋徽宗將此書頒行天下，從此國內建築工程有了統一的標準。

之後，李誡又提出要在京師以外地區推廣，用小字刻版刊印，作為朝廷敕命通行的文本發至各地遵照執行。這個請求得到宋徽宗的批准，於崇寧二年刊印了這部《法式》。直到宋室南遷，政治中心易地，平江知府王喚在蘇州重印此書，以應工程之需，這也從實踐方面證明了此書的廣泛適用性。

除了建築選材，連安裝方法都有記載

宋徽宗崇寧二年，由李誡編修的《營造法式》付梓刊行，頒發天下，成為當時通行全國的建築工程法式。李誡一生曾有多方面的著作，但現均已失傳，只有他奉旨編修的《營造法式》一書得以留存。而《營造法式》也是中國古代最完善的土木建築工程著作之一。

《營造法式》是宋朝政府發布的技術法規，其內容是建築工程中必須執行的技術性條款，也就是技術標準和規範。「法式」二字的解釋為：「在宋代官方文件中使用得相當普遍，有律令、條例、定式等含義同，凡事有明文規定或成法的都可稱之為法式。」

《營造法式》的編寫方式很像我們現代的標準。第一部分首先規範術語；第二部分是十三個不同工種的任務和技術規範；第三部分是不同工種的勞動配額和施工品質；第四部分則是各類型的建築圖樣。

該書總共三十四卷，另有《目錄》以及《看詳》一卷。正文總計三百五十七篇，三千五百五十五條，其中的三百零八篇，三千二百七十二條是總結工匠的實際經驗而成，約占全書的九〇%以上。《營造法式》按內容可以分做名例（一卷、二卷）、制度（三卷到十五卷）、功限（十六卷到二十五卷）、料例（二十六卷到二十八卷）、圖樣（二十九卷到三十四卷）五個部分。

名例部分對建築名詞術語做了解釋，對部分資料做了統一的規定，糾正了過去一物多名、方言土語等謬誤。他還總結了施工的實踐經驗，制定了各項工程制度、施工標準、操作要領等，對各種建築材料的選材、規格、尺寸、加工、安裝方法都一一加以詳盡的記述，堪稱為古代建築的一部百科全書。

書中所講的水平直尺的原理和構造，已接近現在的水準儀，說明當時的測量技術達到了很高的水準；而在油漆塗料的記述，對今天發展塗料工業仍有參考價值；琉璃的釉料配方及燒製方法，至今也仍在沿用。

其中第一、二卷是對土木建築名詞術語的考證及配額的計算方法；第三至第十五卷是壕寨、石作、大木作、小木作、雕作、旋作、鋸作、竹作、瓦作、泥作、彩畫作、磚作、窯作等十三個工法的制度，說明每一工法的選材、加工方法及各構件的相互關係和位置；第十六至第二十五卷規定了各工種的勞動配額；第二十六至第二十八卷規定了各工種的用料配額；第二十九至第三十四卷是圖樣。縱觀全書，綱目清晰，條理井然。

《營造法式》的編修來源於古代匠師的實踐，是歷代工匠相傳，經久通行的做法，該書反映了當時中國土木建築工程技術所達到的水準。它的編修上承隋唐，下啟明清，對研究中國古代土木建築工程和科學技術的發展具有重要意義。

規定建築等級，按品質高低進行分類，有利於控制工料，節制開支，特別在建築量較大的情況下，更需要這種分類。《法式》中雖未明確列出建築分類，但從各卷所述內容可以看出實際上官式建築有三類：第一類：殿閣。包括殿宇、樓閣、殿閣挾屋、殿門、城門樓臺、亭榭等。這類建築是宮廷、官府、廟宇中最隆重的房屋，要求氣魄宏偉，富麗堂皇；第二類：廳堂。其中包括堂、廳、門樓等，等級低於殿閣，但仍是重要建築物；第三類：餘屋。即上述二類之外的次要房屋，例如殿閣和官府的廊屋、常行散屋、營房等。

其中廊屋為與主屋相配，品質標準隨主屋而可有高低。其餘幾種，規格較低，做法相應從簡。

這三類房屋在用料大小、構造上、建築式樣上都有差別：用料方面，殿閣最大，廳堂次之，餘屋最小。《法式》規定房屋尺度以「材」為標準，材共有八等，根據房屋大小、等第高低而採用適當的材，其中殿閣類由一等至八等均可選用，而廳堂類就不能用一、二等材，餘屋雖未規定，但無疑級別更低於廳堂。

在構造上，殿閣的木架做法也和廳堂不同，例如殿內常用「平棋」和「藻井」等方法，把房屋的結構和內部空間分為上下兩部分：平棋以下要求宏麗壯觀，柱列整齊，柱高一律，殿內裝修華美；平棋以上因被遮蔽，無需講究美觀，但求堅牢，所以採用「草架」做法，不必細緻加工，只求梁架穩固；一般不用平棋藻井，內柱皆隨屋頂舉勢升高，使木架的整體性得到加強。為了美化室內外露梁架，梁柱等交接處則會用拱、鬥、駝峰等造型作裝飾。

從《法式》的內容來考察，除了前述拼柱法以外，還可以在書中找到一些做法在江南很流行而在北方則很少見到，例如竹材的廣泛使用等。

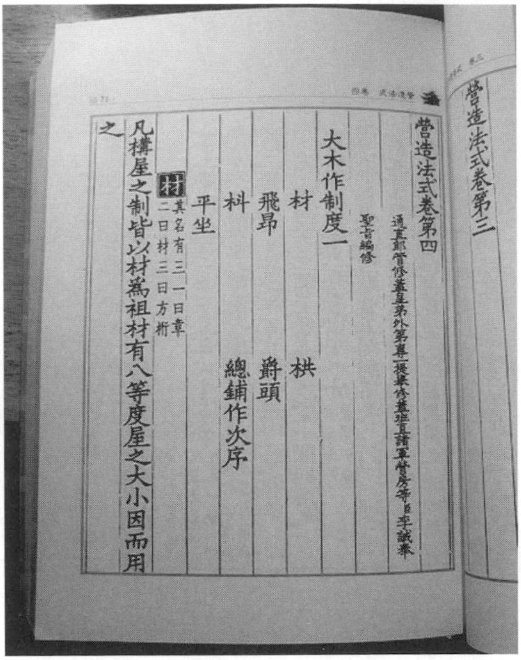
營造法式卷第三

營造法式卷第四

通直郎管修蓋皇弟外第專一提舉修蓋班直諸軍營房等臣李誡奉

聖旨編修

大木作制度一

材　栱

飛昂　爵頭

枓　總鋪作次序

平坐

材 其名有三一曰章二曰材三曰方桁

凡構屋之制皆以材爲祖材有八等度屋之大小因而用之

▲「材」——《營造法式》中建築構件的長度標準。

《法式》的竹作制度也闡述了竹材的種種用法：窗子上下的隔牆、山牆尖、拱眼壁等皆可用竹笆牆（這種牆在江西、安徽的明代建築上仍被使用）；殿閣廳堂的土坯牆每隔一定距離的土坯鋪一層竹筋，稱為「攀竹」用以加強牆體；利用竹子編網，罩在殿閣簷下防鳥雀棲息於斗拱間，稱為「護殿簷雀眼網」，這是後來用金屬絲網罩住斗拱的先例；也可用素色竹篾編成竹席作遮陽板，稱為「障日」；施工時的腳手架（稱為「鷹架」）和各種臨時性涼棚，也多用竹子搭建而成。

這些情況說明竹材在汴京用得相當廣泛，即使在宮廷中，也不比江南遜色。竹子盛產於中國南方，很早就用於生活器具和建築材料，北宋王禹偁在湖北所建黃崗竹樓即是著名的例子。汴京宮廷建築也大量使用竹材，使之帶有了濃厚的南方建築色彩。

「串」這一手法在《法式》廳堂等屋裡很常使用，主要是聯繫柱子和梁架的作用，這和江南常見的「穿斗式」的作用是相同的。

例如，貫穿前後兩內柱的稱「順栿串」（與梁的方向一致）；貫穿左右兩內柱的稱為「順身串」（與梁方向垂直）。這些串會形成一個抵抗水平推力（風力、地震力等）的支撐體系，使木構架具有良好的抗風、抗震能力，若以此和穿斗式木構架比較，不難看出其間的相似之處。

大量的出土明器證明東漢時廣東一帶已開始盛行穿斗式建築，四川出土的東漢畫像所示，建築圖案中也有串的做法，和《法式》很接近。至今江西、湖南、四川等的農村，仍採用穿斗架構建造房屋，兩千年間一脈相承，說明了它的存在價值。

超越歐洲四百年的力學結構，用圖解來告訴你

中國古代的技術書籍，多重文字，很少圖樣。而《營造法式》不僅內容十分豐富，而且

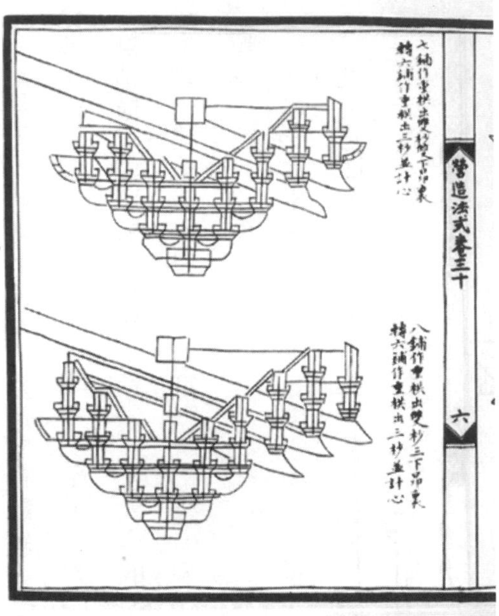

▲《營造法式》中的斗拱。

附有非常珍貴的建築圖樣，開創了圖文並茂的新風氣。全書附圖共占六卷，凡是各種木製構件、屋架、雕刻、彩畫、裝修等都有詳細圖樣。

這些圖樣細膩逼真，豐富多彩。其中既有工程圖，也有彩畫畫稿，既有分件圖，也有總體圖，充分反映了中國古代工程製圖學和美術工藝的高度水準。這些圖樣不僅能夠讓我們更清楚的理解文字所表達的內容，而且可以使我們從中看出當時建築藝術風格。

「斗拱結構」是《營造法式》提出的又一項重要標準化成果。中國古代建築史上先人採用的斗拱結構，把標準化的基本原理：「通用性、互換性、模組化、系列化」都做到了極其完美的程度。

屋簷下的一束束「斗拱」，是由「斗」形木塊和「弓」形的橫木組成，縱橫交錯，逐層向外挑出，形成上大下小的托座。**這種構造用以減少立柱和橫梁交接處的剪力，以降低梁柱折斷的可能性，既有支承荷載梁架的作用，又有裝飾作用。**

斗拱結構起源於漢代，到了宋代已經發展到非常成熟。歷史上早有文字詳細記載，形成標準並繪製成「工程圖樣」的斗拱結構應屬於李誡的《營造法式》。他把斗拱稱為「鋪作」。斗拱結構是力學原理和建築結構完美結合的典範，同時還肩負著體現封建禮制的重要功能，是中國古建築最重要的元素符號，也是中國建築史上重要的標準化成果之一，為各國學者所讚嘆。

「昂」為組成作為斗拱的重要物件，而要看到完整的昂（上昂、下昂），只有在江南地區。北方這麼多朝代的建築中，皆只見下昂而未見上昂。宋代上昂遺物，在蘇州一地即有兩處：其一，玄妙觀三清殿；其二，北寺塔第三層。這兩處上昂時期略晚於《法式》，都是南宋前期之物。

有趣的是：北方唐、宋、遼、金建築上雖然不用昂，但到明代，北京宮殿、曲阜孔廟等處官式建築的外簷斗拱，卻仿上昂形式，直到清乾隆以後才完全消失。

《營造法式》在中國古代建築史上起了承前啟後、繼往開來的作用，雖然基本上是一部經驗性的總結，但它具有很高的科學性和實用性。在一些重大的建築科學問題上，遠遠的走

▲佛宮寺釋迦塔的下昂。

在當時世界的前列。

書中對於各種木構建築部件的大小尺寸，都給出了具體而明確的資料。這些資料，有許多與現代的建築學、材料力學的原理相符，而在時間上則要早得多。

例如一根圓柱形的木頭，如何從中截取矩形的梁，使其既堅固又不會浪費材料呢？**李誡把技術和藝術要求加以綜合考慮，規定了梁的橫斷面高度與寬度的比為三比二**。

對於這個問題，比李誡晚三、四百年的文藝復興時期的大師達文西，和比李誡晚四、五百年的近代力學的奠基者，義大利物理學家伽利略（Galileo Galilei），都曾加以研究，但均未達到李誡的水準。

太宗拜李誡，建築家梁思成把兒子起名「從誡」

從唐至宋，中國本土建築發生了相當大的演變和發展，作為身處這一變革時期的建築技術書，《營造法式》記錄了這一時期不論在樣式，或者在技術上建築發展的形態變化。《營造法式》的現代意義在於它揭示了北宋統治者的宮殿、寺廟、官署、府第等木構建築所使用的方法，使我們能在實物遺存較少的情況下，對當時的建築有非常詳細的了解，填補了中國古代建築發展過程中的重要環節。

透過書中的記述，我們還能知道現存建築所不曾保留的、今已不使用的一些建築設備和裝飾，如屋簷下設置竹網以防鳥雀，室內地面鋪編織的花紋竹席，梁柱的工法等等。

李誡的這部《營造法式》以本身獨一無二的價值，產生了廣泛的影響。即使在國外，這部著作對於建築工程技術的發展也起到了重要的作用。元代水利工程技術中關於築城部分的規定幾乎和《營造法式》的規定完全相同。

明代的《營造法式》和清代的《工程做法則例》也吸收了其中的很多內容。實際應用方面也是如此，南宋以來，不少設計精巧、造型別緻、風格古樸的建築或者根據《營造法式》規程營建，或者在它的基礎上演化，無不受其影響。

據說，坐落於河南登封少室山上的少林寺，其中的初祖庵大殿，就是按照李誡的建築風格設計建造的。這部《營造法式》，不僅是中國古代科學技術發展史中的一部珍貴文獻，也是世界建築史中一部具有重要地位的巨著。它流傳到西歐、日本後，曾引起當地建築界的轟動，成為他們研究、學習中國古代傳統建築工程技術的珍稀資料。

中國著名的建築學家梁思成，當年在賓夕法尼亞大學（University of Pennsylvania）讀書時，曾有一天收到父親梁啟超寄去的一本書，他打開一看，是《營造法式》重印本。梁啟超在寄給兒子前，曾仔細閱讀過此書，他在信中評論道：「一千年前有此傑作，可為吾族文化之光寵也。」

梁思成非常珍視父親寄給他的這本書，在一陣驚喜之後，隨之而產生莫大的失望和煩惱。這部巨著，竟如天書一般，無法讀懂。然而他已看到，父親為他打開了一扇研究中國建築史的重要的大門。**梁思成與後來同是建築大師的林徽因於一九二八年三月二十一日結婚，選在三月二十一日，是為了紀念偉大的宋代建築師李誡，這是宋代為李誡立碑刻的日期。**

從美國學成歸來的梁思成，創建了東北大學建築系，並與同為賓夕法尼亞大學畢業的三位同學成立了建築師事務所。然而日本的侵略打斷了他成為建築師和教師的大好前程，不得不離開瀋陽，到北京任職於一個鮮為人知的機構——中國建築研究會，正式名稱叫中國營造學社，其創始人是朱啟鈐，他在江蘇省立圖書館找到一部珍貴的宋代手稿《營造法式》，便將它重印；而這本書也促使了朱啟鈐創建中國營造學社。

梁思成到營造學社中擔任研究部主任，林徽因隨之加入，以此為發端，開啟了他們的學術生涯，並成就非凡造詣。

一九三二年，梁思成和林徽因的兒子出生。他們給孩子起名「從誡」，希望他能成為李誡這樣的建築學家，正如四年前選擇婚期時所表現出的對李誡的仰慕。

被《宋史》埋沒的博才科學家

李誡為人博學多聞，有多方面的才華，他一生大部分的精力用在了治學著書方面。他生平的著作很多，除了《營造法式》，他還著有《續山海經》十卷、《續同姓名錄》二卷、《琵琶錄》三卷、《馬經》三卷、《六博經》三卷（六博，又作陸博，是中國古代一種擲采行棋的遊戲，以吃子為勝，是很早期的兵棋遊戲。其中的玩法「大博」，又與象棋一樣要殺掉特定棋子為獲勝，而被推論象棋類遊戲可能從大博演變而來）、《古篆說文》十卷等。

遺憾的是這些著作現今都已經失傳，唯一流傳到後世的僅有《營造法式》而已。在藝術方面，李誡擅長書畫，尤其擅長畫馬。他的書畫也深受書畫行家宋徽宗的好評。僅僅從這些著述的名稱看，就涉及到了地理學、史學、古文字學、音樂、相馬、博彩等。

但因其父兄的不佳名聲，使李誡成為被埋沒的科學家，《宋史》沒有為他立傳，評價他父親為人是「反覆詭隨，善於變化，毫無信仰，識者非之」；評價他兄長為「人以為刻薄」。

時至今日，現在的開封已經不是原來的朱雀門了，更看不到五侯府、辟雍宮、龍德宮、棣華室、九成殿那些富麗堂皇的建築，即使有著開封府衙，也小得不似先前的格局。要看，只能看北宋畫家張擇端的《清明上河圖》了。

然而，《清明上河圖》依據的是實景，但那實景卻是由人建造出來的。朱雀門就是李誡所建，那些著名的建築，也都是出自李誡之手。李誡是以實物彰顯了大宋的輝煌。

第七章

藥學始祖唐慎微，《本草綱目》都向他取經

唐慎微是中國宋代著名的藥學家。他編撰的《經史證類備急本草》，受到後世歷代醫學家的重視，就連李時珍在編撰《本草綱目》的過程中，也以此書為基礎和藍本。

唐慎微出身世醫之家，祖上都是行醫之人，他在這樣的環境裡長大，耳濡目染，自小就對醫學有著深厚的興趣。雖然他其貌不揚，舉止木訥敦厚，為人不善言辭，但內心卻極為聰慧，心地善良純厚。在家人的教誨下，他刻苦學習醫學，由於他的聰穎勤奮，逐漸學會了醫學的精髓，掌握了高超的醫術，尤其對經方（按：指醫者在治療過程中發現確有療效的「經驗之方」）深有研究。

青年時期的唐慎微，在學習之餘，經常出去給病人看病，這使得他的醫術造詣更得以飛速進展，由於他的醫術高超，不久他就成為當地的名醫。唐慎微對待病人一視同仁，凡是上門來求醫問藥者，無論是達官顯貴還是平民百姓，在他眼裡都同樣是病人，從無高低貴賤之分。精湛的醫術，加上高尚的醫德，使他的聲名遠播各地。

儘管如此，他仍然好學不倦。宋哲宗元祐年間（一〇八六年至一九〇四年），他應師承儒學大家程頤、程顥的李端伯邀請，前往成都行醫，暫時居住在成都府東南郊的華陽，後來遷居到了成都。

在成都行醫期間，無論是在寒冷的冬季，酷熱的夏天，颳風下雨，還是白天黑夜，他都是有求必應。對待病人，認真辨症，仔細的望聞問切（按：望，觀察氣色；聞，診聽聲息；問，詢問症狀；切，摸脈象），經過他的精心治療，病人都康復得很快，因此廣受讚譽，人們都稱讚唐慎微治病「百無一失」。

而唐慎微和其他醫生不同的是，他從不向病人索取財物報酬，只求病人及其親朋好友，以其抄寫的效方良藥知識為酬。因此人們都願意與他接近，把所知的好方良藥告訴他。即使從經史諸書中發現的醫藥知識，也必寫、抄錄下來告訴給他。

當時，成都華陽地方有位叫做宇文邦彥的名士患了嚴重的風毒病，請遍了成都的名醫也都束手無策，找不出方法來治癒他的病。這時，就有人推薦了唐慎微。經過唐慎微一診察，沒想到真的藥到病除，僅服藥數劑病情就緩解了。

在唐慎微的精心治療下，宇文邦彥的病很快痊癒。但唐慎微斷定只要身體稍弱，這種病就會復發的，於是他就親筆寫了一封信，封好交給了宇文邦彥的兒子，並在信封上註明等到某年某月某日才可以開封。

到了這個日子，宇文邦彥的風毒之病果然再次發作。按唐慎微的囑咐，宇文邦彥的兒子打開了封存已久的信件，只見上面寫著三個藥方：第一個藥方治療風毒再作，第二個藥方治療風毒攻注作瘡瘍，第三個藥方治風毒上攻、氣促欲作咳嗽。結果按方治療，半個月病就痊癒了。這件事傳遍了成都，當時的人們都叫他神醫。

看病從不收錢，只用藥方交換

在宋代以前，中國的醫藥書籍幾乎全部都是靠手抄筆錄，或者口傳心授保存下來的。在這樣的條件下，一本新的著作問世以後，經過若干年，不是流失殆盡，就是經過反覆傳抄導致以訛傳訛，錯誤百出。這種狀況自然大大影響了醫藥發展的速度。

直到北宋時期，印刷術盛行，許多醫藥書籍才得以刻版流傳。北宋因為對醫藥的大量需要，朝廷組織人員編寫了《開寶本草》；嘉祐年間，又由朝廷組織儒臣醫官分別編寫了《嘉祐本草》和《本草圖經》兩本藥書。由於這兩次對本草學的整理，才使得許多重要的本草學著作得以保存下來。

但是上述兩次官修本草時，對古代的醫藥書籍只是進行了選擇性的摘錄編輯，其中還是有很多藥學資料被遺棄了，這在醫學史上可說是一件憾事。如果不及時加以收集，那麼許多手抄的古代藥學資料就會面臨失傳。唐慎微看在眼裡，憂在心頭，盡可能讓前人所有的藥學知識流傳千古，就成了唐慎微的最大心願。

然而，中國古代手抄藥學資料像銀河那樣浩瀚，各門各類的資料如此之多，要把這些資料全部收集完整談何容易。在北宋兩次官修本草時，選取的資料，動用的就是朝廷的力量，朝廷下旨向全國徵集圖書資料，而國家圖書館裡收藏的所有圖書祕笈，就成為了編寫本草書籍的資料來源。更何況，當時官修本草的編寫由飽讀詩書的儒臣帶領，還有朝廷的眾多醫官參加，如此龐大的編寫力量，才編成了《開寶本草》和《嘉祐本草》。

這是放在唐慎微面前的一個最大的難題，一位名不見經傳的民間醫生，不可能像醫官那樣閱讀中央政府的典藏圖籍，手上沒有豐富的醫學資料，怎麼可能實現這一宏願呢？唐慎微一邊行醫，一邊思考這個棘手的問題。

突然有一天，一個病人無意間向唐慎微說了一個偏方，唐慎微聽了，一下子茅塞頓開，「何不利用自己到處行醫的優勢，到各地搜集藥方呢？」當這個絕妙的想法出現的時候，唐慎微就立即付諸行動。

他想，讀書人接觸的書多，讓他們來幫自己收集資料不是更好嗎？為此，唐慎微定下一個規矩，凡是士人來找唐慎微看病，分文不取，但只有一個條件，就是希望他們幫助收集名方祕錄，這個新奇的辦法也深得讀書人的歡迎。

他幫讀書人看病從不收錢，只須用名方祕錄做交換。這些讀書人在看各種經史百家書時，只要發現一個藥名、一條方論，就趕緊記錄下來告訴唐慎微。經過長時期的累積，唐慎微不僅結交了很多學者，還搜集到了豐富的藥學資料。

當時的成都，有個得天獨厚的條件，就有每年都有定期的藥物展銷會。宋代時，藥物展銷會改一年一次為三次，即二月八日、三月九日的「觀街藥市」和九月九日的「玉局觀藥市」。南來北往的藥商們，堆滿了從各地來參展的藥物，遠遠望去，就跟山一樣。每次的藥物展銷會，唐慎微無論多忙，都不會錯過。在藥物展銷會上，他都能獲得極有價值的藥物資訊，他還常到各地採訪，搜集藥物和民間處方，得到許多失傳的古代用藥法則。

就這樣，隨著唐慎微的辛勤努力和不斷的搜集，累積了大量的珍貴資料，為他著書立說打下了堅實的基礎。

為了完成《證類本草》，寧可不做官

唐慎微認真研究《補注神農本草》、《本草圖經》等書，在這兩部書的基礎上，他廣泛採集醫家常用和民間慣用的藥方，又從經史百家文獻中整理出大量醫藥學資料，結合自己豐富的實踐經驗進行研究，於宋神宗元豐五年至六年（一〇八二年至一〇八三年），唐慎微編成了本草史上劃時代的巨著《經史證類備急本草》（簡稱《證類本草》）。

為了編寫《證類本草》，唐慎微收集了許多極為珍貴的藥學資料。他旁徵博引，精細考察，而且採用「圖文對照」的形式，摘錄了宋代以前各家醫藥著作。據統計，書中選輯書目達兩百餘種，除醫書外，還包括《經史外傳》、《佛書道藏》等，內容極為豐富。

尤為可貴的是，唐慎微非常注意保持處方原貌，以採錄原文為主，從而為後世保存了大量面臨失傳的珍貴文獻。

如《雷公炮炙論》（按：中國最早的中藥炮製學著作，為南宋學者雷斅所撰），在醫藥史上，唐慎微是第一個幾乎將其全書收入了《證類本草》之中。又如《食療本草》、《本草拾遺》、《海藥本草》、《食醫心鏡》等許多已失傳的重要本草文獻，其主要內容也都是有賴於唐慎微的努力，才得以流傳至今。

《證類本草》共三十二卷，六十多萬字，收載藥物一千六百種左右，多附藥圖，並說明

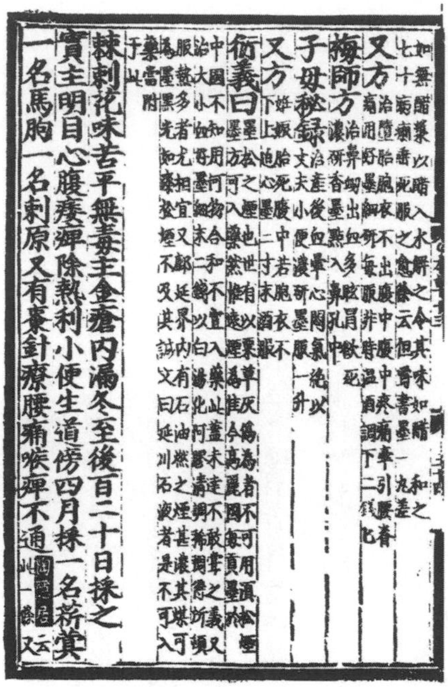

▲《證類本草》。

藥物的採集、製作方法和主治功能，在每種藥之後附載處方，使用了沿用至今的「方藥對照」的編寫方法。尚書左丞蒲傳正看過該書初稿後，想要保送唐慎微做官，但唐氏拒而不受，繼續修訂增補自己的本草著作，約於一〇九八年完稿。

《證類本草》由《嘉祐本草》、《本草圖經》及唐慎微新增的第三部分內容組成，囊括了自《神農本草經》，到北宋《嘉祐本草》以前的歷代醫藥文獻精華，是中國現存年代最早、內容最完整的一部劃時代本草學名著。

該書內容豐富廣泛，資料翔實可靠，注釋詳盡，體例嚴謹，層次分明，是中國醫藥寶庫中一顆光輝燦爛的明珠，也是後世學者考察本草學發展史，已失傳的古本草、古醫方書籍的重要文獻源泉。

而唐氏在《證類本草》中增列附方近三千帖，上自仲景方（按：張仲景，東漢末年著名醫學家），下至唐氏本人經驗方，無所不收，使書中多數藥物都有附方，有的藥甚至多達一、二十帖，大大方便臨床使用。

在藥物炮製方面，《證類本草》收錄了《雷公炮炙論》的內容，使數百種藥充實了加工炮製的方法，改變了唐氏以前綜合本草的不足。

此外，《證類本草》還增加了食療藥物內容，對藥物形態、產地、鑑別、採收、加工等方面內容亦有較詳細記載。尤其是本書增加了大量藥物注文，原《開寶本草》全書只有兩百種藥有注文，到《證類本草》幾乎所有藥物都有注文，從而進一步豐富了本書的內容。

在該書問世到《本草綱目》刊行的五百多年間，尚無任何一種本草書在內容方面能與之媲美。

此外，該書除保持《嘉祐本草》體例外，還創用「墨蓋」作為唐氏新增內容的標記。在具體寫法上，該書繼續延用《新修本草》的方法，即正文用單行大字，注文用雙行小字；正文中引用自《神農本草經》者用黑底白字；《名醫別錄》者用黑體大字；《新修本草》者冠以「唐本先附」；《開寶本草》者標以「今附」；《嘉祐本草》者以「新補」或「新定」標引。注文中屬《本草經集注》者冠以「陶隱居」；屬《新修本草》者用「唐本注」；屬《開

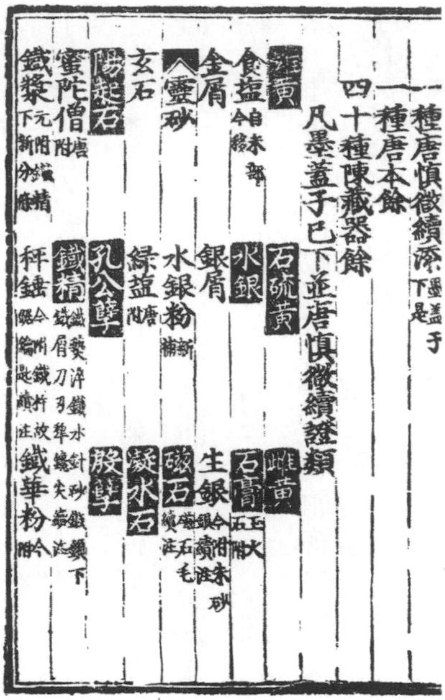
一種唐慎微續添 墨蓋子下是
一種唐本餘
四十種陳藏器餘
凡墨蓋子已下並唐慎微續證類
雄黃　石硫黃　雌黃
食鹽　水銀　石膏
金屑　銀屑　生銀
靈砂　水銀粉　磁石
玄石　綠鹽　凝水石
陽起石　孔公孽　殷孽
蜜陀僧　鐵精
鐵漿　秤錘　鐵華粉

▲墨蓋。

寶本草》者用「今按」或「今注」引出；屬《嘉祐本草》者則以「臣掌禹錫謹案」作注。

清代歷史地理學家楊守敬的《日本訪書志》一書曾評價：「此書集本草之大成，最足依據，且使用墨蓋、黑字、白字等使《神農本經》、《名醫別錄》、《新修本草》皆可識別。其體例亦最為嚴謹。」

唐慎微以智慧克服了收集資料不易的困難，用畢生心血凝成的《證類本草》一書，在本草發展的歷程中樹起一塊巨大的里程碑，也圓了他自己的一個夢。

他的著作，連英國學者都佩服

中國傳統藥學（亦稱本草學）的起源，可追溯到「神農氏嘗百草」的史前時代。東漢時期編成的《神農本草經》標誌著傳統藥學的確立；晉代陶宏景的《本草經集注》建構起按藥物自然屬性分類的理論模式；到唐代，官方編撰世界上第一部國家藥典《新修本草》，迎來了藥學研究的繁榮時期。

而宋代以前的本草，一般只是樸實的記載藥物功能主治，不附處方，醫生在學習和使用時極為不便。《證類本草》則採錄了經典醫著和歷代名醫方論，並搜集大量民間偏方，以及臨床曾使用過的藥方，共約三千餘條，分別載入有關藥物中，使學者開卷之後能一覽用途用法。在體例上也做了不少革新，如將藥物理論和藥物圖譜彙編成一書；還對古書作了許多文字修訂及續添、增補等。

《證類本草》重視藥材產地，所記產地共一百四十多處，較唐代神醫孫思邈所記的「其出藥地凡一百三十三州」情況有所發展。由於唐慎微生長在藥材之鄉的四川，又能虛心的向他人，包括自己的病人學習，因此他對四川產地藥材記載尤為翔實。

如戎州（今宜賓市）產巴豆；梓州（今三台縣）、龍州（今平武縣）產附子、川楝子、豬苓；茂州（今茂縣）、眉州（今眉山市）產獨活、升麻、決明子、使君子等。

《證類本草》載藥一千六百種，其中新添藥物就有五百種，較以前的本草大有突破。該書對藥物形態、真偽、炮製和具體用法等藥物知識，兼收並蓄、彙編一體，使人開卷了然。《證類本草》除了引用《神農本草經》等歷代本草醫書外，還廣泛搜集了古代的經史、筆記和文集等有關藥物的記載，故後世已經失傳和散佚的古書，也可從其引文中略窺梗概。

《證類本草》問世後，歷朝修刊，並數次作為國家法定本草頒行，沿用五百多年。由於其內容豐富而全面，《證類本草》也成為後世各類本草著作的基礎，明代李時珍就以唐慎微的《證類本草》作為藍本，編撰了傳統藥學的巔峰之作——《本草綱目》。李時珍稱讚唐慎微：「學識博，使諸家本草及各藥單方，垂之千古，不致淪沒，皆其功也。」

英國學者李約瑟的《中國科學技術史》一書中也曾說道：「中國十二世紀的《證類本草》一書，比十五、十六世紀早期歐洲的植物學著作還要完備、準確許多。」作為北宋本草的傑出代表，達到了空前未有的高水準。而唐慎微作為一位民間醫生，依靠個人的力量，獨立完成了如此宏偉精湛的藥學巨著，可說是醫學史上的一個奇蹟。

第八章

大宋提刑官宋慈，科學辦案的法醫學鼻祖

宋慈所寫的《洗冤集錄》是世界上最早的法醫專著，在元、明、清三朝，該書是刑、法官的必讀之書，他也是世界公認的「法醫鑑定學」創始人，被尊為世界法醫學鼻祖。

南宋孝宗淳熙十三年（一一八六年），宋慈出生於一個官吏家庭。父親宋鞏，曾做過廣州節度推官。宋慈少年授教於同鄉吳稚門下，吳稚是朱熹的弟子，因此，宋慈有機會與當時著名的學者來往。朱熹便是程朱理學的開創人之一。

程朱理學，在宋朝時一度盛行。這是一個龐大完整而又十分精緻的唯心主義思想體系，是程顥、朱熹等人發展出來的儒家流派。程朱理學認為理是宇宙萬物的起源（從不同的角度認識，它有不同的名稱，如天、道、上帝等），而且它是善的，它將善賦予人便成為本性，將善賦予社會便成為「禮」，而人在世界萬物紛擾交錯中，很容易迷失自己「理」的本性，社會也便失去「禮」。

宋理宗（一二二五年至一二六四年）在位時，程朱理學被抬到至高無上的地位，成為不可爭議的官方統治思想。其代表人物程顥、朱熹等被分別諡為「純公」、「文公」，並從祀孔子廟，榮耀至極，可見此時理學影響之大。宋、元、明、清時期，歷代統治者多將程朱理學思想扶為官方統治思想，程朱理學也因此成為人們日常言行的是非標準和行為準則。

在南宋以後六百多年的歷史進程中，程朱理學在促進人們的理論思維、教育人們知書識理、陶冶人們的情操、維護社會穩定、推動歷史進步等方面發揮了積極的作用。但同時，它對中國封建社會後期的歷史，和文化發展也有巨大的負面影響。

不少人把程朱理學視為獵取功名的敲門磚，他們死抱一字一義的說教，致使理學發展越來越脫離實際，成為於事無補的空言，成為束縛人們手腳的教條，成為「以理殺人」的工具。

作為當時著名理學大師朱熹的同鄉和後學，宋慈少年時期就曾受過理學的系統教育和長期薰陶。而宋慈的父親為他取名慈，字惠父。「慈惠父」三字可以這樣解釋：「期望他將來成為一個恩德慈及百姓、賢名垂於青史的父母官。」這樣的家教，或者說家族理想的力量，對宋慈後來的發展也是不可忽略的。

學習理學不往內心「窮理」，而向實際求真

二十歲那年，宋慈考進太學。當時主持太學的朱熹再傳弟子真德秀，發現宋慈的文章出自內心，流露出真情實感，因此對他十分的器重。被真德秀所賞識的宋慈後來便拜真德秀為師。真德秀對於宋慈學業的進步與後來的思想都有相當程度的影響。

中進士後，宋慈又多年為官。按照常情，這樣的人一定具有濃厚的理學唯心主義，然而宋慈在法醫學理論上和實踐中所表現出來的卻是唯物主義傾向，大力提倡求實求真精神。

程朱理學認為：「合天地萬物而言，只是一個理」，而人心又體現了理或天理，「心之全體，湛然虛明，萬理具足」，「心包萬理，萬理具於一心」。這就是說，心中什麼理都有，無須外求。如按此行事，根本不需要了解外界現實情況，只要苦思冥想就可以了。

宋慈卻反其道而行之，把朱熹具有唯心主義傾向的「格物窮理」之說，變成唯物主義的

認識論原則，不是往內心「窮理」，而是往實際求真。

宋慈的嚴謹精神，表現在了他成為刑法官以後對屍體的具體檢驗。在宋慈一生二十餘載的官宦生涯中，先後擔任四次高級刑法官，長期的司刑獄工作，使他累積了豐富的法醫檢驗經驗。他認為檢驗屍體，即是給死者診斷死因，需要具備相當的技術，在一定程度上甚至比活人還要更難診病。這就要求刑法官不僅要有良好的思想品德，同時也必須具備深厚的醫藥學基礎，把握許多科學知識和方法。

儒者出身的宋慈，本無醫藥學及其他相關科學知識。為彌補這一不足，他一方面刻苦研讀醫藥著作，把有關的生理、病理、藥理、毒理等知識，及診察方法運用於檢驗死傷的實際面；另一方面，他認真總結前人的經驗，目的就是為了防止因審判和檢驗不當而造成的失誤。在多年的實踐中，力求檢驗方法的多樣性和科學性，在此方面可謂不遺餘力。

當時州縣官府往往把人命關天的刑獄之事，派遣給沒有實際經驗的新入選官員或武人，這些人易於受到欺蒙，其中又有的人怕苦畏髒，不對案情進行實地檢驗，或者是到了案發地點，卻嫌屍體惡臭避而遠之，因而難免判斷失誤，以至黑白顛倒，是非混淆，冤獄叢生。身為刑獄之官，宋慈對這種現象深惡痛絕，強烈反對。他在審理過程中，強調以人民生命為重，以腳踏實地為原則。

宋慈曾說：「我只是一個執法官，並沒有其他的特長，但對於案件，卻不敢有一絲一毫的懈怠之心。」這一表白，是他多年為刑獄之官認真態度的寫照。他尤為重視對案情的實際檢驗，並認為獄訟案件中，沒有比判處死刑更嚴重的了。

面對判處死刑的案件，首先就是要釐清案件的真情，而想要找出真相，最重要的就是做好傷、病、屍體的檢查驗證。因為被告的生死存亡、出罪入罪的最初依據、蒙冤昭雪的關鍵都由此而決定。

死刑，可以說是最重的刑罰，這種刑罰由犯罪事實決定，而犯罪事實也必須經過檢驗才能認定，所以檢驗的結果往往生死攸關。因此，宋慈認為對待檢驗絕不能敷衍了事，走走過場，而必須認真負責，一切從實際出發，一定要查出案件發生的真實情況，要做到沒有任何誤差，這對於司法來說也是最關鍵、最重要的環節。

而要做到這一點，宋慈認為官員必須親自到現場查看。無論案發於何處，也要親自到案發地，一一認真仔細的檢驗，否則，應當以失職罪對其進行處罰。即使案發於夏日，屍味難聞，臭不可近，負責檢驗的官員也不可嫌棄惡臭，必須一如既往、認真的對待這項工作。

宋慈不拘泥師教的另一突出表現，是對待屍體的態度，特別是能否暴露和檢驗屍體的隱祕部分。按照理學「視、聽、言、動非禮不為」、「內無妄思，外無妄動」的教條理念，在檢驗屍體之時，都要把隱祕部分遮蓋起來，以免有「妄思」、「妄動」之嫌。

宋慈出於檢驗的實際需要，一反當時的倫理觀念和具體做法，澈底打破屍體檢驗的禁區。他告誡當檢官員：切不可令人遮蔽隱祕處，所有孔竅，都必須「細驗」，看其中是否插入針、刀等致命的異物。並特意指出：凡驗婦人，不可羞避，應抬到光明平穩處。如果死者是富家使女，還要把屍體抬到大路上進行檢驗，令眾人見，以避嫌疑。

如此檢驗屍體，在當時的理學家，即道學家看來，未免太「邪」了。但這對查清案情，防止相關人員利用這種倫理觀念掩蓋案件真相，是非常必要的。宋慈毅然服從實際，而將道學之氣一掃而光，這是難能可貴的。

只是由於宋慈出身於朱門，不方便像同時期的陳亮、葉適等思想家那樣，公開指名道姓的批判程朱的唯心主義。但他用自己的行為和科學著作提倡實事求是的唯物主義思想，也同樣具有積極意義。

到任八個月，重新審理兩百多名死囚

在宋慈的年少時代，南宋政權已處在風雨飄搖中。宋寧宗趙擴與宰相韓侂冑雖力主北伐金軍，但南宋負責川陝一帶防務的將領叛變投敵，使北伐失敗，南宋朝廷的主和派迫於金人壓力，於一二〇八年與金訂立「嘉定和議」，向金國增貢絹銀，國力因此更加衰弱。

寶慶二年（一二二六年），宋慈任贛州信豐（今屬江西）主簿，主理一縣文書簿籍。南宋時期的江西地區民貧、地狹、人稠，人民皆處水深火熱之中，民反和兵亂頻頻發生。當時的安撫使鄭性之非常賞識宋慈的才能，就讓他來參與平定叛亂。

在平定「三峒賊」的戰役中，宋慈採取首先賑濟六堡飢民，然後率兵三百大破石門寨的戰略，因俘獲敵將、戰功卓著而被特授舍人一職。不久，在真德秀推薦下，宋慈參加平定閩中叛亂，帶領孤軍奮戰，且行且戰三百餘里，他的忠勇就連作戰經驗豐富的主帥也對他刮目相看，稱讚他的勇敢頑強在朝中所有武將之上。自此，主帥在軍事方面也多諮詢於宋慈。

因得到主帥賞識，宋慈被任命為長汀知縣。當時宋理宗趙昀繼位，南宋想要聯合蒙古破金，卻因考慮不周，結果兵敗，加上當時的丞相賈似道擅自奪權，而理宗消極不理朝政，導致內政愈加腐敗。

這時宋慈擔任了南宋哲學家魏了翁的幕僚，後來到邵武縣擔任郡守。雖然頻繁調任，但宋慈所到之處均入境問俗，惠愛子民。他文而勇武，兼有謀略，由主簿到知縣、知州，多所歷練，這些經歷又使宋慈在年逾半百之後得以接受朝廷重任，先後出任廣東、江西、湖南提點刑獄司，並在晚年擔任了廣東經略安撫使，也就是「提刑官」。

「提刑官」是宋代所特有的官職，為「提點刑獄公事」的簡稱。提點就是負責、主管的意思。北宋太宗開始設立提點刑獄公事，朝廷選派文臣到地方，審理疑難案件，清理積壓多時的舊案，到真宗時逐漸制度化，設置了提刑司的衙門。後來提刑官雖有暫時的撤廢，但兩宋大部分時間都是存在的。

在刑獄、治安之外，宋代的提刑官有時還會監督某些賦稅的徵收，或監督地方倉儲的管理。可以看出，宋代的提刑官具有今天的檢察長、法院院長等多重的身分和職能，而且他們直接對中央負責，在地方上沒有直接的隸屬機構。

提刑官的設置有助於加強中央集權，同時也能有效的監督刑獄、訴訟，平反冤案，打擊不法官吏，又起到了緩和社會矛盾的作用。

由於州縣官的瀆職，獄吏的敲詐勒索，導致許多案情撲朔迷離，久拖不決。而提刑官是判決的一個重要關卡，他們能否盡職，關乎百姓能否得到公正的判決，冤獄能否得到昭雪。因此宋朝很重視提刑官的人選，多由曾長期任職於地方、熟悉地方事務的官員擔任。宋慈在出任提刑官之前，就曾在福建、四川等地做了十幾年的地方官。

宋理宗紹定五年（一二三二年），宋慈任長汀知縣，長汀便成了宋慈最早進行斷獄實踐的地方。上任前，宋慈想體察當地的民情，於是他決定微服上任。從建陽直接前往長汀、先沿著建溪乘船順流而下至南平，然後拐入沙溪逆水西行，至沙縣上岸走陸路。

沿途中，宋慈目睹了福州的海鹽進入閩西運輸的艱難：山路狹窄，挑夫邁著沉重的腳步汗流浹背；沿路上匪患出沒，危及人身安全。所以，海鹽從福州起運，往往要花費一年的時間才能夠運到。因為長汀及周邊縣城的食用鹽都是從福州經閩江溯流南昌運轉而來，成本高、價格昂貴，所以「食鹽難」成了當地百姓最頭疼的一件大事。

為了減輕百姓負擔，解決人民疾苦，宋慈上任後做的第一件事就是決定改向潮州採購食鹽。由於汀江航道水流湍急，險灘四伏，宋慈親自來到汀江沿途觀測探險，規畫航道整治。最初從潮州溯韓江運到峰市，再由峰市運到上杭。

一二三六年，宋慈又開闢了長汀至迴龍的航道，使潮鹽從廣東潮州經韓江、汀江直達長汀。同時，汀州各縣出產的土紙、筍乾等土特產也源源不斷的從這裡運出山外。長汀上的水東橋見證了當年的繁榮景象，使汀州成為閩粵贛三省的通衢，一條汀江振興了整個汀州，宋慈功不可沒，他對古代閩西的對外經濟貿易做出了巨大的貢獻。

此外，他還大力宣導了當地盛行的媽祖信仰，極力充當百姓心中親民愛民的地方官吏。他實行的賑災放糧，與平反冤獄一樣，挽救了不少平民百姓的生命。

宋慈處世隨和，但對於司法工作，他的態度十分嚴肅認真。對於檢驗官吏的職責，宋慈制定了一整套完整的條文規定。例如：對屍體應驗不驗，或檢驗官不親臨現場，或不確定致死原因，或定而不當，他都認定這是嚴重失職的行為。會分別以違反有關職責而給予處置。檢驗官赴現場時，禁止沿途煩擾民眾。初檢時，不得因屍體腐爛而不進行檢驗。所有屍檢皆需記錄，初驗官和複驗官不得私自見面，以避嫌疑，並不得互相透露所驗結果等等。

每到一地任官，宋慈平冤的決心總是堅定。他本著聽訟清明，決事果斷的辦案風格，在斷獄執法過程中，具有審謹態度和求實精神，著重實地檢驗，全面掌握案情，當時的百姓都說：「宋慈的執法真是『獄無冤囚，野無流民』。」

宋慈剛到長汀上任，前任知縣就留下一件發生在新婚之夜的殺人命案：長汀城外有一家人娶媳婦，洞房之夜新郎吃了新娘親戚送來的麵條後身亡，前任知縣審理時用了大刑逼供，最後新娘受不了刑求，所以就招了；後來新娘入獄，並將於秋後問斬。

宋慈接手後，認為此案有疑，於是開棺驗屍，發現有一股蛇腥氣。後來又了解到，新郎死亡之日，村裡的一口魚塘的魚也死了。宋慈命人抽乾塘水，找到一個小瓶子。同時在村中捕蛇人龔三家中，也搜出一個同樣的小瓶子，裡面還裝有半瓶的蛇毒。案情終於大白，原來龔三是新郎的鄰居，因貪圖新娘美貌，起了歹心，下毒害死新郎。

在宋慈升任廣東提點刑獄之前，原先的廣東官吏大都不奉行法令，導致積壓的案件很多，於是他下令限期清理積案。在他到任短短八個月內，他深入現場察訪調查，清理了一大批冤案、錯案、懸案、屈打成招的假案，審理了兩百多名死囚，其中有些是被陷害和冤屈的無辜者，宋慈不僅為他們平冤昭雪，免除了死刑，同時也懲處了一批貪贓枉法的吏役和逍遙法外的罪犯。由於宋慈「聽訟清明，決事剛果」，「以民命為重」，因此在民眾中間贏得了清官的名聲。

完成世上最早的法醫專著——《洗冤集錄》

在漫長的中國封建時代，一直奉行的是「疑罪從有」的潛規則，冤獄的產生於是成為不可避免的事情。那麼多的冤案、錯案使宋慈心中生出一種前所未有的使命感，多年檢驗工作的實踐，讓宋慈清楚的認識到，冤案的造成常常起因於微小的誤差；鑑定檢驗發生的錯誤，則都來自於檢驗官閱歷經驗的淺薄。也就是說錯案、冤案最主要的是由於檢驗不足而造成的。認知到這一點後，他開始博覽各朝各代的法醫書籍，認真研究了同時代早期的著作《內恕錄》，以及其他一些法醫著作。他字斟句酌，對每一章每一節都認真消化，汲其精華，去其謬誤，並結合自己長期司法實踐的經驗累積，終於在一二四七年，用全部心血編成了一部標準的法醫著作——《洗冤集錄》。

《洗冤集錄》分為五卷，共五十三項。它包括了法醫學的主要內容，如現場檢查、屍體現象、屍體檢查以及各種死傷的鑑別，同時涉及了廣泛的生理、解剖、病因、病理、診斷、治療、藥物、內科、外科、婦科、兒科、骨傷和急救等方面的醫學知識。

在《洗冤集錄》的序言中，宋慈寫道：「從古至今，在所有案件的審理中，最重要的就是對死刑的判決環節。要對犯人判處死刑，最要緊的就是查明案情的線索及實情，而要弄清案子的線索和實情，首要的就是要依靠檢驗勘查的手段。因為人犯是生是死，斷案是曲是直，冤屈是伸張還是鑄成，全都取決於檢驗勘查而下的結論。這也就是法律中規定的州縣審理案情的所有刑事官員，必須親身參與檢驗勘查的道理所在，一定要無比謹慎小心！

近年來，我觀察到各地的衙門，卻把如此重大的事項交給一些新任官員，或是武官去辦理，這些官員沒有多少經驗，便冒然接手案子，如果再有勘驗人員從中欺瞞，衙門中的下級辦事人員又從中作梗，那麼撲朔迷離的案情，僅僅靠審問是很難弄清楚的。這中間即使有一些幹練的官員，但僅憑著一個腦袋兩隻眼睛，也很難把他的聰明才智發揮出來，何況是那些

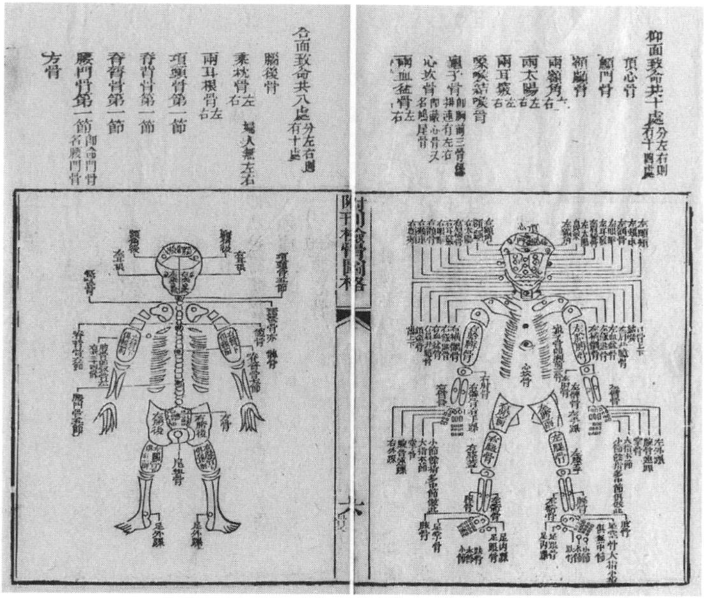

▲宋慈原著，清道光 23 年阮其新補註的《補註洗冤錄集證》。

遠遠望著非親非故的屍體不肯近前、對血腥惡臭氣味避之猶恐不及的官吏們呢！

「我宋慈這個人四任執法官，別的本事沒有，唯獨在斷案上非常認真，必定再三審理，不敢有一絲一毫的馬虎。如果發現案情中存在欺詐行為，必然會厲言駁斥加以矯正，決不留情；如果有謎團難以解開，也一定要反覆思考找出答案。我在審理案件中，生怕獨斷專行、讓死者死不瞑目、讓罪犯消遙法外。我常常在想，案獄之所以會出現誤判，很多都是緣於細微之處出現的偏差；而勘查驗證失誤，則是因為辦案馬虎、經驗不足造成的。有鑑於此，我編寫了一本《洗冤集錄》，給我的同僚們研讀，以便他們在審理案子時參照。

「這就如同醫生學習古代醫書處方一樣，在診治病人之前，事先就能夠理清脈絡，做到有章可循，再對症施藥，則沒有不見效的。而就審案來說，其所起的洗清冤屈、還事實於本來面目的結果，與醫生治病救人、起死回生的道理也是完全相同的。」

宋理宗看過此書以後，大加讚賞，下令全國頒行，辦理刑案的官吏人手一冊。自此，《洗冤集錄》便成為當時和後世的法醫檢驗指南。

依宋代制度，提點刑獄司為路級（相當於今天的省）監司，即司法機構之一，各路普遍設置。最初，提點刑獄司常以文官擔任，到南宋時，則普遍代之以武臣，以加強地方政府的權力。

宋慈在廣東、江西等地為提點刑獄司期間，深查細訪，就算荒僻山野他也必定走訪。所到之處，雪冤禁暴、扶正安良。宋慈一直認為想要將檢驗之事做得充分、到位，除了認識到證據的重要性外，主要還是取決於為官者。他在書中寫道：「吏不良，則有法而莫守。」這其實也是統治階級要堅守的執政信念。

宋慈給今人的啟示是：相對於程序規則和證據規則而言，司法的組織規則更重要。法官不良，再好的程序和實體法有什麼用呢？宋慈在書中提及諸多要點，此處挑選幾點言之：

第一，使用文官。由於武官在行政上遠不如文官精通，要是再遇到奸詐的官吏，將會使案件變得模糊不清、撲朔迷離，從而難以查究。

第二，事必躬親。在北宋時期，主審的御史等官通常不親臨現場，一般都是差使官員去辦理案件，一副妄自尊大的作風。他指出，主審官一定要事必躬親，要求檢驗官必須仔細審察、判別、監督，以防發生誤驗、漏驗之事，或者仵作（按：專門負責檢驗屍體的吏役）、官員作弊等等。

其三，凡是參與檢驗的官員，都必須與案件無利害關係。這反映了宋慈的思想，剛正不阿，則天下穩定。另外，律法規定官員三年一調換，且不可在家鄉任職，這對於防止司法活動中親嫌、故舊、仇隙關係的干擾起到了很好的防範作用。

命案偵查的重點，在屍體

《洗冤集錄》中關於對屍體的初檢，屍體檢驗的管轄、受理、迴避、檢驗時限、檢驗標準、檢驗場所、旁證調查、勘驗紀錄都有嚴格的要求，對檢驗人員怠忽職守、循私枉法、檢驗中弄虛作假、有傷風化等行為都有制定嚴厲的處罰措施，目的在於保證現場勘驗和屍體檢驗工作的合法性與公正性。

他在書中寫道，檢驗官在接到檢驗公文之後，為防止串通，切不可接近官員、秀才、僧道，因為這些官員、秀才、僧道等在地方上有一定勢力，上能通官府，下能聚集民眾，一旦參與顛倒案情之事，將對探明案情真相極為不利。

除了對屍體、傷口及現場進行認真仔細的勘驗外，檢驗官也要重視對現場周圍，以及相關人員的調查和訪問，只有把各方因素綜合思量之後，才能獲取正確而有效的證據，以使得自己的檢驗結果得到印證，探明案件真相。

要成為一個合格、出色的檢驗官，宋慈認為至少要有兩個特質：一為屍、傷等檢驗的技術；二為綜合素質的考量，且後者更為重要。

由於中國古代科學、醫學的落後，在刑事審判過程中，無法透過科學的手段獲取物證，往往單純依賴口供作為定罪的唯一依據。所以，中國傳統社會向來重視口供的採集。口供固然重要，但獲得口供的種種非法手段早就存在，雖一直被世人唾棄，卻也屢禁不止。

宋慈認為命案偵查的重點並不在口供，而在於屍體。命案現場勘驗又以屍體檢驗工作為核心，它是整個命案偵查的起點。全面、細緻、合法、公正的對屍體進行檢驗，並全面收集有關屍體周邊的資訊，對查清案件事實，證實作案真凶有著重要的作用。

命案的偵破應當立足於發現屍體的現場，從屍體檢驗的客觀結果出發，不要輕易相信旁證，以防其中有弊。不輕信口供在當時律法中也有體現，即使罪犯招供，也要查出證據；反之，即使罪犯不招供，在物證確鑿的情形下，也可定罪判刑，一切皆以證據以根本。

時間不可能穿越到過去，案情不可能「情景再現」，即使現在的科技也無法做到百分之百的還原真相。但是檢驗勘察，事關人命，必須充分做到位，使之不斷接近百分之百的真實，還事實以真相。尤其對一些屍體的可疑現象要做深入的研究和檢驗，並且全面收集有關死者的各種資訊，以獲取查清事實的依據。

例如在某地，發生了一起多人鬥毆案，雙方大打出手，場面非常激烈。一方終於把另一方打得落荒而逃，參與鬥毆的人也就紛紛散開了。散後，有的人去近處江河、池塘邊清洗頭上、臉上的血跡，或因口渴取水喝，但是因為剛剛打過架，身體還很疲勞，頭暈目眩，來到河邊一失足就落水而淹死。由於落水時還是活著的，因此屍體的腹部膨脹，指甲內有沙泥，檢驗官檢驗的結果應該要是落水淹死。

雖然屍體上分明有毆打傷痕的存在，但萬萬不可將此毆打傷痕定作致命原因，只須翔實記錄在驗屍狀上就可以了。雖然毆打傷痕位處要害地方，但還不是其真正致死的原因。曾經就有位檢驗官因為看到死者頭上的傷痕，便判定是因為打傷後導致昏迷，才倒在水中致死的。最後他竟將打傷的地方當成了致命所在，逮捕打人者定為罪人，打人者當然不服，案子也一審再審，難以定奪。

宋慈在書中一再強調，以查找證據為目的的檢驗勘查工作，一定要謹慎再謹慎。原因在於致命傷的檢驗，對加害人的定罪、量刑關係重大，宋慈強調：「凡傷處多，只指定一痕要害致命；」若是聚眾鬥毆，「如死人身上有兩痕，皆可致命，此兩痕若是一人下手，則無害；若是兩人，則一人償命，一人不償命，須是兩痕內，斟酌得最重者為致命。」然而，如果兩個人同時刺殺、同時打擊，要判定哪個人需要對致命傷負主要責任，就比較困難了。這就需要詳細觀察，研究案件的始初情節，屍體傷痕的長短，可能是什麼器物大小造成，並且仔細斟酌。

在南方，還有一些平民百姓因為與他人的利益之爭，便自己了斷性命，試圖誣賴以泄私憤。他們自我了斷的辦法其實也很簡單，先用櫸樹皮在身上磨出傷痕，死後看起來就像被打傷的樣子。而這在當時的檢驗官看來，就是一件很棘手的事情。

宋慈則指出：「如果看到死者傷痕裡面是深黑色的，四邊青赤色，分散開來成一片痕跡，輕按下又沒有浮腫的，就是生前用櫸樹皮摩擦造成。這是因為人活著血脈流行，與櫸樹皮相輔而形成痕跡的緣故（如果用手按下，痕跡處虛腫，那就不是櫸樹皮摩擦成的了）。如果是死後才用櫸樹皮摩擦，就不會有擴散的青赤色，只是微有黑色；而按下去皮膚不僵硬，這樣的傷痕就是死後摩擦出來的了。這是由於人死以後，血脈不行，致使櫸樹皮不能發揮效用的緣故。」

還有一人在深池中淹死，很長時間都沒有被發現。後來屍體被一個打魚的人發現，報了官。檢驗官來到現場，看見死者的皮肉都沒有了，只有下骸骨，屍體顯然已經無法辨認，檢驗官悻悻而歸。縣官屢次派人檢驗，竟然沒有一個人肯來，因為大家都知道屍體已經腐爛到那種程度，根本檢驗不出什麼結果來，徒勞無功罷了。就這樣，縣官督促了十幾人，都沒人應承此案。

這時，有一位官員站了出來，說他願意承當此案的檢驗工作。那位官員當即來到現場，進行就地驗骨。他首先檢查一遍，發現並沒有什麼受傷痕跡。於是取來頭骨加以淨洗，用乾淨的水從腦門穴灌入，看是否有細泥沙屑從鼻竅中流出，以此來判定是否是生前溺水而死的。生前溺死，就會因鼻孔吸氣，吸入泥沙，死後入水的便不會有此現象。結果一查，確認此人是不慎失足落水而死，此案便終於結案了。

又如在一條路上，一前一後走著甲乙兩人，乙隨身背著一個很大的包裹。接近中午吃飯的時候，乙無意間看到甲的包裹裡有很多銀兩，見財起意，他就想把這些銀兩都占為己有。於是他向甲套近乎，招呼甲一起走。一路上也有說有笑的，當走到一條小河時，河面很窄河水也很淺，乙和甲就踩著河面上的石頭，一步一步的過河。當走到河水中央的時候，走在後面的乙突然捉住甲，使勁將甲按入水中，甲便被活活淹死。

有路人發現甲的屍體，就報了官。檢驗官來到現場一檢查，身體的上上下下，哪裡都沒有傷痕。宋慈針對這個案子說：「沒有傷痕的屍體，要怎樣檢驗呢？這就要先看屍身，十指指甲如果各呈黯色，指甲及鼻孔內各有沙泥，胸前呈現赤色，嘴唇有青斑，肚腹鼓脹，這就是甲被乙按到水裡而致死的了。要審問查明乙作案時的原始情節，也要有證據加以驗證，就會萬無一失。」

而有人是被人用手捂住口鼻，氣絕身亡，這也是沒有傷痕而死亡的一種情況。如果屍體沒有傷痕，只是面色有些青黯，或臉部有些浮腫，這大都是被人用東西塞在口鼻上捂死，看脖子上僵硬的肌肉就知道。

也務必要查看手腳上有沒有被捆綁的痕跡；舌頭上恐怕有嚼破的痕跡。如果沒有這一類情況，也可以看嘴裡有沒有涎唾，喉嚨腫或不腫。如果有口涎及喉腫現象，恐怕是因為患有纏喉風症而死的，應當詳細考察。

曾經有一個鄉民，叫自己的外甥跟鄰人的兒子攜帶鋤頭一起上山種粟子。可是過了兩天兩夜，外甥和鄰人的兒子都沒有回來。鄉民非常擔心，於是上山去看個究竟。到山上後，竟然發現兩個人都死在山上。他驚惶失措，急忙報告到官府，經查死者衣服都還在，就發出公文請官驗屍。驗官到達後，看到一屍在小茅屋外面，後脖頸骨被砍斷，頭部和面部各有刀傷痕；一屍在茅屋裡面，左頸下、右腦後各有刀傷痕。在屋外的屍體，眾人認為是被殺傷而死的；在屋內的，眾人說是自殺而死的。

官府以兩屍各有傷痕，別無財物，判定是兩人爭吵後相殺，而另一人自殺死。一位驗官在仔細觀察了現場後說：「如果拿一般情況來推測案情，以此結果是可以的；但是屋內那具屍體上的右腦後刀痕很可疑，哪有人拿刀從腦後自殺的呢？手不方便啊。」

果然，沒隔幾天，就捕獲到了真正的殺人凶手，此案告破。如果不是這位檢驗官的細心推斷，那麼兩個被害人的冤仇就要永無歸宿了！因此，宋慈認為：辦案貴在精細專心，不可疏忽差錯。

有位驗官在檢驗一個在路旁的屍體，起初懷疑是被強盜殺死的，等到檢查完全身，發現衣物全在，身上被鐮刀砍傷了十多處。檢驗官說：「強盜要殺人只為取財，現在財物在而傷痕多，不是仇殺是什麼？」於是傳喚死者的妻子來問道：「你丈夫平日有和人結怨嗎？」回答說：「我丈夫向來與人沒有冤仇。只是近日有某甲前來借債，沒有借到。」

檢驗官記下了某甲的住處，隨後派人分頭告示某甲住地附近的居民：「各家所有鐮刀都拿出來，立即呈交驗看，如有隱藏，必是殺人賊，將予追究查辦！」一下子，居民送到了鐮刀七、八十柄，按順序陳列在地上。當時正值盛暑天氣，其中有一把鐮刀，蒼繩都盤旋在上面。檢驗官指著這把鐮刀問是誰的，忽有一人出來承當，原來就是那個借債未遂的人；當即逮捕審問，那人百般抵賴，不肯認罪。

檢驗官指著鐮刀叫他自己看，並對他說：「眾人的鐮刀上都沒有蒼蠅。現在你殺人留下的血腥氣仍在，所以才導致蒼蠅聚集在你的鐮刀上。在事實面前，你難道能隱瞞得了嗎？」左右圍觀的人都為之失聲嘆服，嫌犯面對鐵證如山，也不得不叩頭承認了自己的罪行。

廣西地方有凶徒謀害死了一個小童工，並奪去了他所攜帶的財物。被人發現的時候，距離行凶時間已經很久了。但囚犯招認：「劫奪完畢，把人推入水中。」經縣尉司打撈，也在河下流撈到了屍體。屍體肉已經腐爛，只留下了骸骨，無法辨認。

官府懷疑打撈上來的屍體或許和本案中的屍體只是巧合，所以不敢決斷處理。後來縣官翻閱案卷，看到最初收到一份死者哥哥所作的供述，說其弟是一個龜胸（按：指胸骨突起，如龜殼一般）而矮小的人。於是縣官即派檢驗前往進行複驗，結果屍骸的胸骨果然是這樣，這才敢把此案結案，把囚犯定刑。

一把紅色油紙傘，堪比現代紫外線檢驗

在《洗冤集錄》中，有一些檢驗方法雖屬於經驗範疇，但卻與現代科學相吻合，令人驚嘆。如利用紅色油紙傘檢驗屍骨傷痕，就是一例：把屍骨洗淨，用細麻繩串好，按次序擺放到竹席之上。挖出一個長五尺、寬三尺、深二尺的地窖，裡面堆放柴炭，將地窖四壁燒紅，除去炭火，潑入好酒二升、酸醋五升，趁著地窖裡升起熱氣，把屍骨抬放到地窖中，然後蓋上草墊，等到大約一個時辰以後，再取出屍骨，放在明亮處，迎著太陽撐開一把紅油傘，來進行屍骨檢驗。

如果屍骨上有受傷之處，就會看到紅色痕跡，再以受傷的骨頭迎著日光驗看，如果又是紅色，就一定是生前受的傷；骨上如果沒有血暈，即便有損傷也是死後造成的。這樣，死者生前的死因也就在紅紙傘下全部展現了出來。

而此種驗屍方法其實非常科學，因為屍骨是不透明的物體，它對陽光是有選擇性的反射。當光線透過油紙傘時，其中影響觀察的部分光線被吸收了，所以容易看出傷痕。

如此檢驗屍骨損傷，與現代利用紫外線照射的方法一樣，都是運用光學原理，作者運用和記載這些方法，目的在於查出真正的死傷原因，無不體現了他的科學精神，只是宋慈限於當時的科技水準，處於尚未自覺的狀態，知其然而不知其所以然。

在檢驗婦女的屍體方面，宋慈說：「查看不到有傷損的地方，一定要查驗陰部，因為恐怕會有人從這裡插刀進入腹內。刀痕離皮膚淺的，便在肚臍上下會有血暈出現，深的則沒有。這種情況多發生在單身的婦人身上。」

宋慈研究自殘也有很多心得，他在《洗冤集錄》中記載了很多關於辨認自殘的方法。為後代從事司法工作的官員提供了理論依據。比如在民間流傳的「知州巧斷自殘」的故事，就是其中之一。

古代在山西養蠶的人很多，家裡要是養蠶，就一定要種桑樹。有個老者姓王，家裡有三畝桑田。一天，老王正在採桑葉，突然發現一個小偷在桑園偷桑葉。老王大喊一聲後，就和這個小偷打成一團。這時，小偷拿出一把鐮刀衝著老王就砍了過來，他沒想到老王竟然會功夫，三兩下就把小偷打倒在地，並把鐮刀搶了過來，隨後，老王揪著小偷去見官。在去縣衙的路上，這個小偷見跑不了，就趁老王不注意，一把將鐮刀搶過來，猛地在自己右胳膊上砍了一道傷口。

到了縣衙，老王狀告小偷偷他家桑葉，被他抓到後還自傷右臂，小偷卻反咬一口，說右胳膊上的刀傷是被老王給砍的。縣官走到堂下，看了老王一眼後沒說話，又看了看小偷的傷口，冷笑了一聲，回到座位上，對小偷說：「你還沒吃飯吧，走，我請你去吃飯。」說完領著小偷到後堂擺下酒席，縣官和小偷坐下，把老王晾在一邊，老王心裡感到冤屈，小偷卻特別高興。拿起筷子就夾菜，這時，只見縣官哈哈大笑。

縣官把小偷笑懵了，「有什麼不對嗎？」小偷忙問。縣官不慌不忙的說：「你左手拿筷子，那你右臂上的傷必定是你自己砍的。快從實招來吧。」小偷不服，說：「雖然我是左撇子，那也不能證明傷是我自己砍的呀。」縣官說：「你的傷口自己會說話。刀入肉內，先入的那口深，劃到後面刀口變淺。如果是被外人砍傷，刀口裡深外淺；如果是自殘，刀口裡淺外深。而你的傷口正是裡淺外深，顯然就是你自己砍的。」小偷聽完，無話可說。

精煉平實的《洗冤集錄》，化腐朽為神奇，演示了很多不可思議的古代偵查案件手段。例如在某個已經火焚的現場，要找到殺人凶手曾經作案的證據，可以將被害人伏屍的地方打掃乾淨，先用米醋，再用酒澆灑在地上，土質地面上很快就會顯現被害人流過的血跡。

一個人死於意外還是他殺，在檢驗官的抽絲剝繭中會衝破重重迷霧，而《洗冤集錄》就是檢驗官手中的武器。

宋慈在書中還介紹了一種偵查手段，利用昆蟲推測被害人的死亡時間，顯示了相當的破案水準。宋慈還把當時位居世界領先地位的中醫藥學，應用於刑獄檢驗，並對先秦以來歷代官府檢驗的實際經驗進行全面總結，使之條理化、系統化、理論化。

在《洗冤集錄》中的「救死方」中，列舉了很多應急搶救的方法，如：驚嚇致死的，用溫酒一兩杯灌之，即可救活；暴斃、跌倒、撞倒死的，如果屍身未冷，馬上用酒調蘇合香丸灌入口中，如能下喉去，就可以復活；若有人吃下斷腸草之類的毒藥，可以給他灌下糞汁解毒；再如書中論述的「救縊死法」，其方法與當代的人工呼吸，幾乎一模一樣。

還有用酒糟、醋、白梅、五倍子等藥物清洗傷口，有防止外界感染、消除發炎、固定傷口的作用，也與現代科學原理一致，只是使用的藥物不同而已。諸如此類，不勝枚舉。這種專業常識直到今天都是行之有效的方法，相關人員都必須牢記在心，在關鍵時刻或許能夠起到救人一命的作用

在《洗冤集錄》中，宋慈反覆強調以民命為重、人命重於天的理念，促成了有關人員用證據說話、用證據量刑的行為方式。這是《洗冤集錄》留給後人最寶貴的精神財富，至於《洗冤集錄》救了多少無辜性命，已經無法統計。

清康熙三十三年（一六九四年）國家律例館曾組織人力修訂《洗冤集錄》考證古書達數十種，定本為《律例館校正洗冤錄》，傳閱全國。《洗冤集錄》自十三世紀問世以來，成為當時和後世刑獄官必備的參考書，幾乎被奉為「金科玉律」，其權威性甚至超過朝廷頒布的有關法律。

七百五十多年來，此書先後被譯成韓、日、法、英、荷、德、俄等多種文字，影響非常深遠，在中、外醫藥學史、法醫學史、科學史上留下光輝的一頁。《洗冤集錄》不僅是中國，也是世界法醫學史上最優秀的文化遺產之一，它就如同美麗的宋代青花瓷器，折射出法律文明的輝煌歷史，讓後人感慨不已。

在明朝初年，它首先傳入朝鮮，三百餘年間，一直是朝鮮法醫檢驗領域的標準著作。之後在德川幕府時代（一六〇三年到一八六七年）經朝鮮傳入日本，在短短的十年間六次再版，

影響極大。該書的最早版本，當屬淳祐年間（一二四一年到一二五二年）宋慈於湖南憲治的自刻本，後來奉旨頒行天下，但均已失傳。

現存最早的版本是元刻本《宋提刑洗冤錄》。鴉片戰爭後，它又被西文學者翻譯介紹到荷、德、法、英等四國，影響歐洲國家。本世紀五十年代，前蘇聯出版的《法醫學史》一書將宋慈畫像刻印於卷首，尊為「法醫學奠基人」。

把文人瞧不起的賤役變得人人尊敬

宋慈在二十多年的仕宦生涯中，為官清廉，生活樸實。晚年的他更加謙虛謹慎，愛惜人才，後生晚輩中，凡有一技之長，都會得到他的提拔引薦。在年老時雖有病在身，但一切公務，他必親自審察，還是一如既往的一絲不苟，慎之又慎。

宋理宗淳佑八年（一二四八年），宋慈擔任寶謨閣直學士，奉命掌管刑獄的工作。翌年，升任煥章閣直學士、廣州知州與廣東經略安撫使。

有一天，他忽患頭暈病，儘管如此，他仍然參加了祭孔典禮。從此以後，他的身體健康狀況越來越不好，同年三月初七，宋慈終因病魔纏身，久病不癒，病逝於廣州寓所，享壽六十四歲。次年七月十五日，歸葬今福建省崇雒鄉。宋理宗親自為宋慈書寫墓門，以此憑弔宋慈功績卓著的一生；賜贈朝儀大夫，讚譽他為「中外分憂之臣」，並親手題寫墓碑「慈字惠父，宋公之墓」。

為了紀念宋慈在長汀的政績和功德，人們在汀江河畔立碑建亭，以示對他的永遠懷念。後來宋慈的墓地遷至福建省建陽市，雖經戰亂、兵禍，宋慈的事蹟和身世也逐漸模糊，但《洗冤集錄》卻時時提醒人們，歷史上曾經有一個兢兢業業的大宋提刑官，曾經有一個重證據實的理性年代，即使七百多年過去了，人文大宋依然得到了世界的推崇。暴力征戰只能得逞於一時，而文明的力量卻能長久流傳。

或許是由於《宋史》無傳，宋慈的一生行跡只見載於南宋詩詞家劉克莊為他作的《宋經略墓誌銘》，以及清代藏書家陸心源《宋史翼》中的《循吏傳》，以致後人對宋慈的了解很難詳細而全面。特別是《洗冤集錄》在總結前人斷案經驗時，刪去了具體案例的情節，只提煉那些帶有規律性的檢驗方法與技術。

至於宋慈究竟處理過哪些刑案，除去劉克莊所作墓誌銘上，籠統的提及治理贛閩地區私鹽運販，以及在廣東八個月內處決死刑等重大案件兩百多件以外，文獻中沒有更多的線索。這就使得後人只能從《循吏傳》的角度去認識以及評價宋慈。

這種具體史事和案例的缺失，卻也為後人用文學藝術手段去重塑宋慈形象（即所謂戲說）留下了充分的想像空間。

陸心源編撰《宋史翼》補續了《宋史》，才把宋慈列入「人物志」。清紀曉嵐修纂《四庫全書》摘要介紹《洗冤集錄》，卻對宋慈「始末未詳」。直至上世紀八十年代末出版的《中國通史》，九十年代末北京大學出版的《中華文化之光》，也沒有宋慈名錄。

究其原因，有專家說：「封建社會更青睞文人的才氣和武人的戰功，宋朝以前，中國各地衙門就有仵作，或叫『行人』，他們替檢驗官員充當幫手，抬屍體，塗藥酒，報傷痕，接觸的是常人避之不及的腐肉、血液、傷口，一向被統治階級蔑為『賤役』。而宋慈處於宋明理學備受推崇的時代，檢驗職業的不受重視似乎也順理成章了。」

宋慈作為宋朝偉大的提刑官、偉大的法醫而被後世所景仰。如今，宋慈墓坐落在福建省建陽市。該墓面積約一千平方公尺。由於長年失修，被埋於荒丘野草之中。

一九五五年經多方共同努力，終於尋得斷碑「慈字惠父宋公之墓」，地點與道光年間的《建陽縣誌》所載相符，並對墓地進行全面修整，建亭、拓寬墓道。

中國法醫學會學者、專家曾多次到此祭祀宋慈，並立碑為記，碑文曰：「業績垂千古，洗冤傳五洲。」而後有人又用這樣的對聯來憑弔宋慈，真是恰如其分：

渴望流芳，未竟一枝，結果鮮花零落；
不求聞達，永存一業，必然綠樹成蔭。

第九章

數學教育家楊輝，教材被朝鮮列為國家考試指定用書

楊輝是世界上第一個排出豐富的縱橫圖，和討論其構成規律的數學家，他為初學者制定的「習算綱目」，是數學教育史上的重要文獻。

中國古代數學是隨著算籌的發明而形成的。算籌，為算、籌、策等工具的簡稱，也稱作「籌策」，是中國古代用於計算的工具。一般用竹製成，也有用鐵製、骨製或象牙製的。用算籌擺成數學進行計算稱之為籌算。在珠算發明以前，數學計算都是用算籌來進行，所以「算術」的原義是即指籌算的技術。

籌算基礎是加、減、乘、除四則運算。加、減法比較簡單，直接透過加上、減去算籌的方法就可以了。在加減運算的基礎之上，乘除運算按照「九九乘法表」來完成。其中除法是作為乘法的逆運算來進行的。由於古代的算籌乘除法都要將算籌排列成上、中、下三行來進行運算，所以演算過程相當複雜。

籌算在中國古代用了大約兩千年，在生產和科學技術以至人民生活中，都發揮了重大的作用。但是，它的缺點十分明顯。首先，在室外拿著一大把算籌進行計算本身就很不方便；其次，計算數字的位數越多，所需要的面積也就越大，這在無形之中就受到了環境和條件的限制；此外，當計算速度加快的時候，還很容易由於算籌擺弄不正而造成錯誤。

隨著社會的發展，計算技術要求越來越高，這就需要算籌也要相應的進行改革。這個改革從中唐以後的商業實用算術開始，經宋、元時代的發展，就出現了大量的計算歌訣，到元末明初珠算的普遍應用，歷時七百多年。

在《新唐書》中就記載了這個時期出現的大量著作。由於封建統治階級對民間數學十分輕視，以致這些著作的絕大部分已經失傳。從遺留下來的著作中可以看出，籌算的改革是從籌算的簡化開始，並不是從工具改革開始，而這個改革最後導致珠算的出現。

一般來說，用算籌做計算的效率很低。隨著生產的發展，商品交換的日益頻繁，需要計算的量越來越多，因此改善計算工具就是很自然的事情了。宋代對算籌做了兩方面的改進，一是將古代上、中、下三行的演算法改為在同一行裡完成；另一方面是引用了大量的運算口訣。這些口訣琅琅上口，使運算步驟得以簡化，運算速度提高。

楊輝就是在這種背景之下，繼承並發展了唐、宋數學家以加減代乘除的思想方法，並對乘除算法加以創新，提出了很多乘除運算的簡化算法。

中國古代數學源遠流長，自漢代起，就形成了以籌算為基礎、具有獨特風格的初等數學體系，後經魏、晉、南北朝、隋唐以來千餘年的累積和發展，在進入兩宋以後，中國古代數學開始出現空前繁榮的景象，歷史上一批重要的科學家就出現在這一時期，如賈憲、劉益、沈括、秦九韶、李治（原名李冶）和楊輝等。

在古城錢塘（今浙江省杭州市），有一位少年，他自幼聰明好學，尤其喜愛數學。但由於當時數學書籍很少，這個少年只能零碎的收集一些民間流傳的算題，並反覆研究，從中增長知識。

有一天，這個少年無意中聽說一百多里的郊外有位老秀才，不僅精通算學，而且還珍藏了許多如《九章算術》、《孫子算經》等古代數學名著，非常高興，急忙趕去。

老秀才問明來意後，看了看眼前這位少年，很不屑的說：「小子不去讀聖書，要學什麼算數！」

但少年仍然苦苦哀求，不肯離開。老秀才無奈，於是說：「好吧，聽著！『直田積八百六十四步，只云闊不及長十二步，問長闊共幾何？』（長方形面積等於八百六十四平方步，已知它的寬比長少十二步；問長和寬的和是多少步？）你回去慢慢算吧，什麼時候算出來，就什麼時候再來找我。」說完便往椅子上一靠，閉目養起神來，心裡卻暗暗發笑：「這小子一定算不出來，這道題老朽才剛剛理出點頭緒（此題的解法一般要用到二次方程式），即使他懂得算學，沒有一年半載也是算不出來的。」

正當老秀才閉目思量時，少年說話了：「老先生，學生算出來了，長闊共六十步。」「什麼！」老秀才一聽，驚奇的從椅子上跳起來，一把奪過少年演算出來的草稿紙瞪大了眼睛看起來：「啊，這小子是從哪裡學來的？居然用這麼簡單的方法就算出來了。妙哉！老朽不如。」老秀才轉過臉來，對少年誇獎道：「神算，神算，怠慢了，請問高姓大名？」「學生楊輝，字謙光。」少年恭敬的回答。後來，在老秀才的指導下，楊輝研讀了許多古典數學文獻，數學知識得到全面、系統性的發展。經過不懈的努力，楊輝成了中國古代傑出的數學家，並享有數學「宋元第三傑」之譽。

算學制度始於北宋初年，但宋初並不重視算學，至宋神宗元豐年間才開始頒布條例。並在元豐七年（一〇八四年）刻《算經十書》於祕書省。最後於宋徽宗崇寧三年（一一〇四年）的時候才正式重修算學。

由此可見，到崇寧三年才正式建立算學，即國家培養算學、曆法人才的專科學校。當時招收的學生為兩百一十人，主要學習各種算法以及曆算、三式、天文書等。北宋末年，頒布了很多算學制度，但南宋初年，州、縣學皆因戰亂而停廢，宋高宗紹興十二年（一一四二年），宋金和議後，才漸次恢復。

事實上，南宋的官學教育是道道地地的「應試教育」，早已淪為了科舉制度的附庸，教育也並無自主性和獨立性可言。中國的古代社會一向重文不重理，南宋王朝又是在戰亂中由於人民的堅決抗敵才得以偏安一隅的，所以官方的算學，即數學教育遠不如北宋。

雖然南宋官學時興時廢，但另一方面，私學卻得到了興起。各類蒙學教育（按：古代對兒童進行啟蒙教育的學校）和精舍教育（按：精舍為經學家私人講學的場所，部分遠地而來的學生為能就近求教，便在附近租屋居住，儼然形成一學術社區）相較於北宋則有了更充分的發展。除官學和私學外，南宋的書院教育更是達到了鼎盛時期。這些使得數學在擺脫了科舉制度的束縛之後反而有了新的進步。

從另一面來說，唐代中期以後，社會經濟得到較大發展，手工業和商業交易都具有相當的規模。因此人們在生產、生活中需要數學計算的機會，較先前大大增加，這種情況迫切要求數學家們為人們提供便於掌握、快捷準確的計算方法。為了因應社會對數學的需求，中晚唐時期出現了一些實用的算術書籍。但是，這些書籍除了《韓延算術》（被宋人誤認為《夏侯陽算經》）坎坷流傳到現在外，其餘都已失傳。

發展數學教育的動力，是社會生產力

《韓延算術》大約編寫於西元七七〇年前後，書中介紹了很多乘除簡化算法的例子。例如，某數乘以四十二，可以簡化為某數乘以六，再乘以七；某數除以十二，可以化為某數除以二，再除以六。對於更複雜的問題可同樣處理。透過將乘數、除數分解為一位數，使運算在一行內實現，簡化了算式，提高了速度。

楊輝的數學研究與數學教育工作之重點，在於改進籌算的乘除計算技術，總結各種乘除算法，這是由當時的社會狀況決定的。而楊輝生活在南宋商業發達的蘇杭一帶，這也為進一步發展乘除的算法提供了動力。

楊輝說：「乘除者，本鉤深致遠之法。『指南算法』以加減、九歸、求一旁求捷徑，學者豈容不曉，宜兼而用之。」在前人的基礎上，他提出了「相乘六法」：

第一法，「單因」，即乘數為一位數的乘法。

第二法，「重因」，即乘數可分解為兩個一位數的乘積的乘法。

第三法，「身前因」，即乘數末位為一的兩位數乘法，例如：257×21 = 257×20+257。實際上，身前因就是透過乘法分配律將多位數乘法化為一位數乘法和加法來完成。

第四法，「相乘」，即普通的乘法。

第五法，「重乘」，就是乘數可分解為兩因數的積，作兩次相乘。

第六法，「損乘」，是一種以減代乘法，比如，當乘數為九、八、七時，可以從十倍被乘數中，減去被乘數的一、二、三倍。

楊輝還進一步發展了唐宋相傳的「求一算法」，總結出了「乘算加法五術」、「除算減法四術」。求一實際上就是透過倍、折、因將乘除數首位化為一，從而用加減代乘除。楊輝的「乘算加算加法五術」，即「加一位」、「加二位」、「重加」、「加隔位」、「連身加」。乘數為十一至十九的，用加一位；乘數為一百零一至一百九十九的，用加二位法；乘數可分為兩因數的積，且可用加一或加二時，稱為重加；乘數為一百零一至一百零九時，使用隔位加。例如342×56的計算：

342×56

=342×112÷2

=（34200+342×12）÷2

=（34200+3420+342×2）÷2。

其「除算減法四術」即「減一位」、「減二位」、「重減」、「減隔位」，用法與乘算加法類似。

北宋初年出現的一種除法——增成法，在楊輝那裡得到進一步的完善。增成法的優點在於用加倍補數的辦法避免了試商（按：在求商時，有時不能一次得出準確的商，就需要再三調整商的大小），但對於位數較多的被除數，運算比較繁複，後人改進了它，總結出了「九歸古括」，包含四十四句口訣。楊輝在其《乘除通變算寶》中引《九歸新括》口訣三十二句，分為「歸數求成十」、「歸數自上加」、「半而為五計」三類。

客觀上講，楊輝不遺餘力改進計算技術，大大加快了運算工具改革的步伐。隨著籌算歌訣的盛行，運算速度已經快到人們擺弄算籌跟不上口訣。在這樣的背景下，算盤便應運而生了，及至元末，已經廣為流行。

楊輝非常重視數學的普及教育工作，他主張在數學教育中要貫徹「學以致用」的教育思想。數學教育的教材內容必須和社會生產、生活實踐相結合，所提出的問題必須來自於生產和生活實際。

因為普通大眾在生活和生產實際中，對於數學的需求越來越多，這才使楊輝對於數學的鑽研更多側重於實用算術方面，尤其是對於籌算乘除算法的簡便運用上更是花費了大量的心思和精力。

在楊輝的著作《乘除通變本末》三卷中，幾乎每一道題都是跟生活中的經濟、納稅、農業、商務等有關係。

例如：細物一十二斤半，稅一。今有二千七百四十六斤，問稅幾何？絹一萬三千一百五十二尺，問為絹幾匹？直田長九十步，闊七十步，問積步……。

另外，在《田畝比類乘除捷法》中所涉及到的幾何圖形名稱，也都是取自於生活實際當中。如：「直田、方田、圓田、圭田、梯田、牛角田、蕭田、牆田」等。這些名稱對應著我們現代的幾何圖形分別為「長方形、正方形、圓形、圓環形、三角形、梯形，不規則四邊形，倒梯形、半梯形」等。另還有諸如「腰鼓田、鼓田」等。在書中，楊輝還多次提到「台州量田圖」（今浙江省臨海市）的問題：

> 台州量田圖，有牛角田，用弧矢四法。
>
> 台州黃岩縣圍量田圖，有梭田樣，即二圭田相並，今立小題驗之。
>
> 台州量田圖，有曲尺田，內曲十二步，外曲二十六步，兩頭各廣七步，問田幾何。

可見，楊輝對台州非常熟悉，他編入自己書中的這些題目，無一不是來自於他工作和生活的實際面，如果沒有豐富的第一手資料，他很難詳盡敘述並運用這些資料，這種與實際緊密結合，進行數學研究和數學教學的方法，是楊輝數學教育思想的主要特點，也是中國古代數學家們的優良傳統之一。

為了使數學知識能為普通百姓所理解和掌握，楊輝在編寫數學教材的時候，常常把很多深奧的內容用最便於群眾的「歌訣」方式表達出來。這恰恰也是中國古代民間數學的特色之一。如「求一乘法」和「求一除法」歌訣：

求一乘法：

五六七八九，倍之數不走；
二三須當半，遇四兩折紐；
倍折本從法，實即反其有；
用本以代乘，斯數足可守。

求一除法：

五六七八九，倍之數不走；
二三須當半，遇四兩折紐；
倍折本從法，為除積相就；
用減以代除，定位求如舊。

這樣的歌曲、口訣就是普通百姓生活中最常見的歌謠，通俗易懂，押韻順口。這對於人們學習數學的幫助是顯而易見的。

楊輝就是用這樣的方式培養人們對於數學的學習興趣。楊輝的數學並不傾向於高深的理論研究，更多都是側重於基礎知識的實用數學。數學來自日常生活，又為日常生活服務，如此楊輝的數學在民間便得到了更加廣泛的流傳和普及。

不只有習題，連學習進度都幫你安排好

在教學方法上，楊輝主張循序漸進，精講多練。先熟練習題的運算，之後再總結算理、算法。《乘除通變本末》一書中便列有「習算綱目」，可以說是中國數學教育史上最早的一份數學教育教學講義。這份數學講義包括了學習進度、學習內容、學習方法、學習材料以及一些學習重點、困難點的提示等。

在習算綱目中，楊輝非常強調對習題的熟練運算，練習的時間一般都要比正課多好幾倍的時間，有的甚至達幾十倍，習算綱目通篇體現了楊輝由易到難、由淺入深、循序漸進的數學思想，以及先熟練運算再明算理的數學主張。

第一階段，先學「九九合數」，即九九乘法表。「一一得一，至九九八十一」，隨後安排學習的內容和進度。學習「相乘」，講課一日，溫習五日；「商除」講課一日，但溫習半個月。以上二種方法，都是從一位數到六位以上數的運算。

第二階段，學習有關乘除的替代算法。學乘法的捷算方法，功課一日，溫習三日；學除法的捷算方法，功課一日，用五日溫習。除了計算方法之外，楊輝還指出在熟練運算之後，一定要知道算理的重要性。

第三階段，學習「通分」和「開方」。通常人們認為「通分」很麻煩，但楊輝要求學

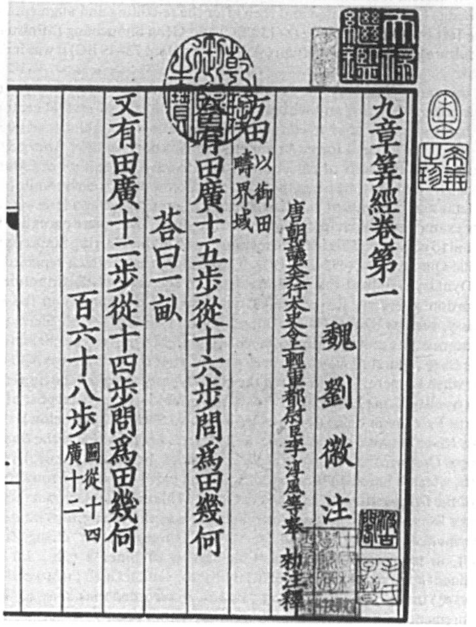
九章筭經卷第一　魏劉徽注
唐朝議大夫行太史令上輕車都尉臣李淳風等奉　勑注釋
方田以御田疇界域
今有田廣十五步從十六步問爲田幾何
荅曰一畝
又有田廣十二步從十四步問爲田幾何
百六十八步 圖從十四廣十二

▲《九章算術》宋影本。

生不要認為麻煩，只要認真就能學會。他將這些複雜的數學知識化簡，化難為易，在編教材時充分考慮學生的心理和知識發展水準，盡量使深奧的數學知識變得更加直觀、通俗，使之更容易推廣、普及。這種利用社會生活中的問題帶動課程進行，更能被普通讀者接受，便於發揮社會效益，同時也便於學生能力的培養。

然後學習「開方」。開方是數學中用途很廣泛的一部分知識，而且其本身就有七部分知識，即「開平方、開立方、開平圓、開立圓、開分子方、開三乘以上方和帶從開方」。所以學習起來自然就需要多花些時日，邊學邊研究，在學習方法上，楊輝提倡熟讀精思，融匯貫通；提倡對知識的理解，反對死記硬背，直到能做到融會貫通，活學活用的程度為止。

最後一個階段，就是要學習傳統的《九章算術》了。經過前面幾個階段的基礎知識訓練之後，在熟練掌握各種算法的基礎之上再來學《九章算術》難度就不大了。

在教學方面，楊輝認為教師在編書或講課時，應該用算法主導習題。要說明一種算法，都要先設置一種數學問題。每種算法都要有相應的數學題目來驗證和練習。在要求學生進行大量的習題訓練的同時，楊輝還強調要精選例題，並且在講清楚算法的來龍去脈後，啟發、引導並觸類旁通，提高學習上的自覺性和主動性。可見，楊輝對於學習數學理論知識，運用練習題來理解並加以鞏固，這兩者之間的重要關係有著很深刻的認識。

楊輝一生治學嚴謹，教學一絲不苟，他的這些教育思考和方法，至今也有很重要的參考價值。

耗時十五年，完成五本數學著作

楊輝曾做過地方官，足跡遍及錢塘、台州、蘇州等地。同時代的人都稱讚他儒雅謙和、公正廉潔。楊輝特別注意社會上有關數學的問題，多年從事數學研究和教學工作，是東南一

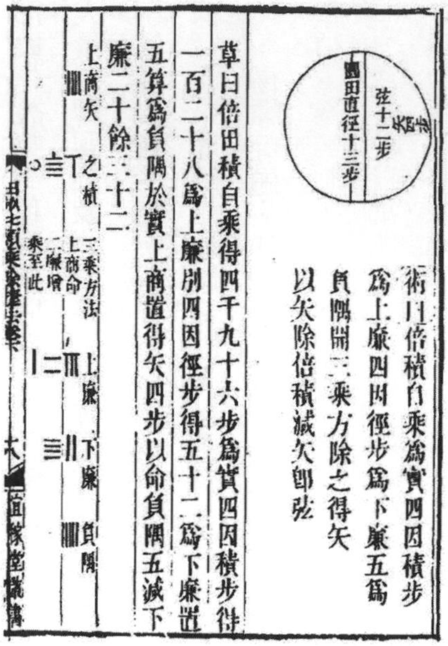
術曰倍積自乘爲實四因積步
爲上廉四因徑步爲下廉五爲
負隅開三乘方除之得矢
以矢除倍積減矢即弦
草曰倍田積自乘得四千九十六步爲實四因積步得
一百二十八爲上廉別四因徑步得五十二爲下廉置
五算爲負隅於實上商置得矢四步以命負隅五減下
廉二十餘三十二

▲《楊輝算法》書影。

帶有名的數學家和數學教育家。他走到哪裡都會有人請教數學問題。

從景定二年（一二六一年）開始的十五年間，他先後完成五本數學著作，共二十一卷：《詳解九章算法》十二卷，《日用算法》二卷，《乘除通變本末》三卷，《田畝比類乘除捷法》二卷和《續古摘奇算法》二卷（其中《詳解》和《日用算法》已非完書），後三種合稱為《楊輝算法》。

楊輝繼承中國古代數學傳統，他旁徵博引數學典籍，引用了在宋代已失傳的許多算術，比如劉益的「正負開方術」，賈憲的「開方作法本源圖」、「增乘開平方法」，幸得楊輝引用，否則今天將不復為我們知曉。

另一方面，他在宋度宗咸淳年間的兩

本著作裡，亦有提及當時南宋的土地價格。這些資料對後世史學家了解南宋經濟發展有很重要的幫助。

楊輝在書裡收錄了不少古代各類數學著作中，很有價值的算題和算法，保存了許多十分寶貴的宋代數學史料。他對任意高次冪的開方計算、二項展開式、高次方程式的求解、高階等差級數、縱橫圖等問題，都有精準的研究。

楊輝更對於垛積問題（高階等差級數）及幻方（縱橫圖）做過詳細的研究。由於楊輝在他的著作裡提及過賈憲對二項展開式的研究，所以「賈憲三角」又名「楊輝三角」。這比歐洲於十七世紀的同類型的研究「巴斯卡三角形」早了近五百年。

楊輝三角是一個由數字排列成的三角形數表，簡單來說就是兩個未知數和的冪次方運算後的係數問題，比如 $(x+y)^2$ 等於 $x^2+2xy+y^2$，這樣係數就是一、二、一，這就是楊輝三角第三行。

為普及日常所用的數學知識，楊輝專門寫了《日用算法》一書，並提出務必要從實踐出發的原則。書中的題目全部取自社會生活，多為簡單的商業問題，也有土地丈量、建築和手工業等問題。這種應用數學能讓普通讀者接受，也便於發揮社會效益。可惜《日用算法》早已失傳，僅有幾個題目留傳了下來。

在楊輝擔任台州知府時，有一年春天，楊輝想出外巡遊、踏青，突然間，開道的人停了下來，前面傳來孩童的大聲喊叫，接著是衙役惡狠狠的訓斥聲。楊輝忙問怎麼回事，差人來報：「孩童不讓過，說等他把題目算完後才讓走，要不就繞道。」

楊輝一看興趣來了，連忙下轎抬步，來到前面。衙役急忙說：「是不是要把這孩童哄走？」楊輝摸著孩童頭說：「為何不讓本官從此處經過？」孩童答道：「不是不讓經過，我是怕你們把我的算式踩掉，我又想不起來了。」「什麼算式？」楊輝又問，「就是把一到九的數字分三行排列，不論直著加，橫著加，還是斜著加，結果都是等於十五。我正算到關鍵之處呢。」孩童一臉天真的說。

楊輝連忙蹲下身，仔細看那孩童的算式，覺得這個數字好像從哪見過，仔細一想，原來是西漢學者戴德編纂的《大戴禮》中的文章所提及的。楊輝和孩童兩人連忙一起算了起來，直到天已過午，兩人才舒了一口氣，答案出來了。他們又驗算了一下，結果全是十五，這才站了起來。

孩童望著這位慈祥和善的地方官說：「耽擱你的時間了。」楊輝一聽，說：「我想見一見你的老師，你看如何？」

孩童望著楊輝，淚眼汪汪，楊輝心想，這裡肯定有什麼蹊蹺，問道：「到底是怎麼回事？」孩童這才一五一十把原因道出：原來這孩童並未上學，家中窮得連飯都吃不飽，哪有錢讀書。而這孩童給地主家放牛，每到學生上學時，他就偷偷躲在學生的窗下偷聽，今天上午老師出了這道題，這孩童用心自學，終於把它解決了。

楊輝聽到此，感動萬分，一個小小的孩童竟有這番苦心，實在不易。便對孩童說：「這

4	9	2
3	5	7
8	1	6

▲九宮圖。

是十兩銀子，拿回家去吧。你帶我去學堂，好嗎？」

孩童就帶著楊輝找到了老師，楊輝把這孩童的情況向他說了一遍，又掏出銀兩，給孩童補了名額，孩童感激不盡。自此，這孩童才有了真正的老師。

教書先生對楊輝的清廉為人非常敬佩，於是倆人談論起數學。楊輝說道：「方才我和孩童做的那道題好像是《大戴禮》書中的？」先生笑著說：「是啊，《大戴禮》雖然是一部記載各種禮儀制度的文集，但其中也包含著一定的數學知識。方才你說的題目，就是我給孩子們出的數學遊戲題。」

教書先生看到楊輝疑惑的神情，又說道：「南北朝的數學家甄鸞在《數術記遺》一書中就寫過：『九宮者，二四為肩，六八為足，左三右七，戴九履一，五居中央。』」楊輝默念一遍，發現他說的正與上午他和孩童擺的數字一樣，便問道：「你可知道這個九宮圖是如何造出來的？」教書先生也不知出處。楊輝回到家中，反覆琢磨，一有空閒就在桌上擺弄著這些數字，終於發現一條規律。

他把這條規律總結成四句話：九子斜排，上下對易，左右相更，四維挺出。就是說：一開始將九個數字從大到小斜排三行，然後將九和一對換，左邊七和右邊三對換，最後將位於四角的四、二、六、八分別向外移動，排成縱橫三行，就構成了九宮圖。

後來，楊輝又將散見於前人著作和流傳於民間的有關這類問題加以整理，得到了「五五圖」、「六六圖」、「衍數圖」、「易數圖」、「九九圖」、「百子圖」等許多類似的圖，楊輝便把這些圖總稱為「縱橫圖」，於一二七五年寫進自己的數學著作《續古摘奇算法》一書中，並流傳後世。

哲學、藝術、人工智慧，「縱橫圖」都能派上用場

縱橫圖最早起源於中國，通常人們知道最早的幻方就是中國著名的「九宮圖」，早在漢鄭玄《易緯注》及《數術記遺》中都記載有「九宮」即三階幻方，千百年來一直被人披上了神祕的色彩。

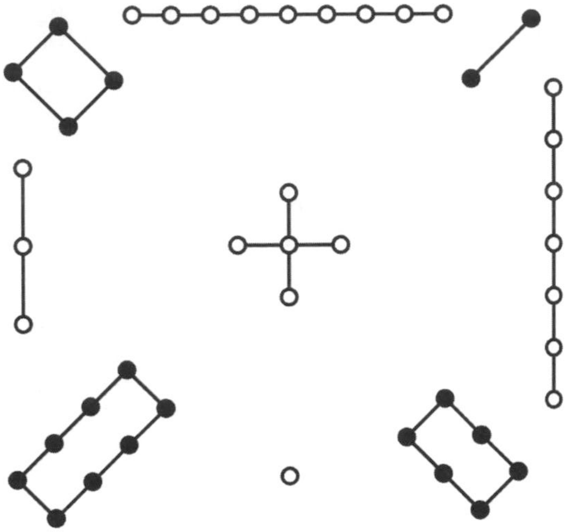

▲洛書示意圖。

幻方的幻在於無論取哪一條路線，最後得到的和或積都是完全相同的。關於幻方的起源，中國有「河圖」和「洛書」之說。

相傳在遠古時期，伏羲氏取得天下，把國家治理得井井有條，感動了上天，於是黃河中躍出一匹龍馬，背上馱著一張圖，作為禮物獻給他，這就是「河圖」，也是最早的幻方。又傳洛水河中浮出一隻神龜，龜背上有一張象徵吉祥的圖案稱為「洛書」。他們發現，這個圖案每一列，每一行及對角線，加起來的數字和都是一樣的，這就是我們現在所稱的幻方。也有人認為「洛書」是外星人遺物；而河圖是描述了宇宙生物（包括外星人）的基因排序規則，幻方則是外星人向地球人的自我介紹。

洛書所畫的圖中有黑、白圓圈共四十五個。把這些連在一起的小圓和數目表示出來，得到九個。這九個數就可以組成一個縱橫圖，人們把由九個數三行三列的幻方稱為三階幻方，除此之外，還有四階、五階……。

幻方最早記載於西元前五百年的春秋時期《大戴禮》中，這說明中國人民早在兩千五百年前就已經知道了幻方的排列規律。而在西方，要到一三〇年，希臘人才第一次提起幻方。十二世紀的阿拉伯文獻也有六階幻方的記載，中國的考古學家們曾經在西安發現了阿拉伯文獻上的五塊六階幻方，除了這些以外，歷史上最早的四階幻方是在印度發現的，而且比中國的楊輝還要早了兩百多年，印度人認為那是天神的手筆。

十三世紀開始，東羅馬帝國才對幻方產生興趣，但卻沒有什麼成果。直到十五世紀，中國的縱橫圖才傳給了歐洲人，而歐洲人認為幻方可以鎮壓妖魔，所以把它作為護身符。

楊輝利用數學方法尋找規律，巧妙的設計出許多別具風格的幻方來，楊輝所做的九宮圖，方法簡單又巧妙。楊輝在設計三、四階幻方的基礎上，繼續對幻方進行系統研究，陸續的設計出五階、六階、七階、八階、九階、十階幻方。此外，他還突破了幻方為正方形的限制，將它擴大到不同的形狀。

楊輝對幻方的研究和推廣，大大豐富了這種數字遊戲的內容，楊輝的縱橫圖對後世也深有影響，明代數學家程大位、清代數學家方中通、張潮、保其壽等，都曾在此基礎上進一步研究縱橫圖。直到今天，在國際上一些科學家利用幻方這種變化無窮的特點，把它作為智力測驗的工具和玩具，提高了它在訓練人們機智方面的層次。

對幻方的深入研究也為人們帶來了新的啟示，將幻方中的自然數換成一般的物體，也對它們按一定規則進行安排，並進一步討論這種安排的存在性問題、計數問題、構造問題和優化問題，就構成了今天的數學分支——組合數學的主要內容。古老的幻方開創了組合數學的先河，顯示了中華民族的聰明才智，近代它還被現在電腦程式設計、人工智慧等許多方面都有著廣泛的應用。

在過去幻方僅作為一種遊戲，而近代已經發現，幻方在哲學、美學、美術設計、電腦程式設計、圖論、人工智慧、對策論、組合分析等方面都有廣泛的應用。《易經》是一本哲學書，它幾乎影響了國內外的各種哲學思想。而易學家們透過多方面的研究發現，易學來源於河圖洛書，而洛書就是三階幻方。幻方的布局規律、構造原理蘊涵著天地萬物的生存結構，是說明宇宙產生和發展的數學模型。

幻方也大量應用於美術設計，西方的建築學家發現幻方的對稱性相當豐富，並採用幻方組成許多美麗的圖案，他們將圖案中的那些方陣內的線條稱為「魔線」，應用於輕工業品、封面包裝設計中，德國著名畫家和數學家杜勒（Albrecht Dürer）的作品〈憂鬱〉中，因有一個能指明製作年代的幻方而聞名於世。藝術美與理性美的和諧組合，往往成為流芳千古的佳作。

楊輝研究出三階幻方的構造方法後，又系統性的研究了四階幻方至十階幻方。但是在這幾種幻方中，楊輝只給出了三階、四階幻方構造方法的說明，四階以上幻方，楊輝只畫出圖形而未留下作法。但他所畫的五階、六階乃至十階幻方全都準確無誤，可見他已經掌握了高階幻方的構成規律。

楊輝的另一項重要成果則是垛積術。這是楊輝繼沈括「隙積術」之後，有關於高階等差級數求和的研究。在《詳解九章算法》和《算法通變本末》中記敘了十二階等差級數求和的公式。

楊輝數學著作的特點是深入淺出、圖文並茂，非常適合用於教學，而且有不少創新。另外，楊輝在《詳解九章算術》的基礎上，專門增加了一卷「纂類」。在纂類中楊輝提出「因法推類」的原則。正如清代藏書家郁松年所說，《纂類》以「算法為綱」，「以類相從」。這種思想與《九章算術》相比是一個進步，因為《九章算術》的分類標準並不一致，有的按用途分，有的按算法分。楊輝則突破了原書的分類格局，依照算法的不同，將書中所有題目分為乘除、互換、合率、分率、衰分、疊積、盈不足、方程、勾股等九類。

每一大類中，由主要算法演繹出不同的具體方法，並給出相應的習題。例如，「勾股類」，共設三十八道問題，分別置於二十一種方法之後，而第一種方法——勾股求弦法（即「勾股各自乘，並而開方除之」）就是後面各法的基礎，這種順序排列也體現了楊輝的教學思想。

楊輝不僅總結了當時的各種數學知識，還批評了以往數學著作中的一些錯誤，這種作法在楊輝以前的算書中很少見。例如，他在《田畝比類乘除捷法》一書中便批評了《五曹算經》中的錯誤，像是在田畝計算中用方五斜七之法（即把正方形邊長與對角線之比取作五：七）的錯誤等。

他的教材，被朝鮮列為國家考試指定用書

楊輝的數學著作不僅引用許多古代數學典籍，更重要的是保留了部分極其寶貴的數學史料。楊輝在中國古代數學史上占有的地位已不言而喻。他和秦九韶、李治、朱世傑並稱「宋元數學四大家」。楊輝和秦九韶同在南方發展數學，但兩人的數學成就卻各自開花，李治作為北方數學的代表，使天元術得到了更進一步的發展，朱世傑連同了南北數學，秉承了北方數學的深入，更繼承了楊輝的實用數學，為元代以及明代的實用數學奠定了基礎。

《九章算術》作為中國古代的經典數學，歷來有多種的版本，傳到楊輝時期，可能在體系和內容的編排上有了跟不上時代的地方。比如有些內容過於深奧，體例的安排有些混亂，對於初學者和普通民眾的學習和研究就有了很大的難處。

於是，楊輝根據自己的學識對經典的《九章算術》的體例安排進行改革、對內容進行大膽調整。在複雜和枯燥的數學基礎之上親自繪圖，做了一整卷的繪圖解說（在流傳過程中遺

失了，現代人無法親睹其繪圖風采），使得深奧莫測的經典《九章算術》不再遠離人民生活。於是便有了我們現代人所能看到和研究的《詳解九章算術》。

在這部著作裡，我們不僅能看到楊輝對經典的剖析和解讀，還能大膽提出自己獨到的見解和解題方法，展現了楊輝高超的數學才能。更為重要的是，楊輝繼承了北宋數學家們的數學成就，在自己的著作中引用並標明出處，使得我們後人在研究中國古代數學史時能夠不斷代，而且為領先世界的數學成就找到了史實依據，讓我們不得不驚嘆和折服古代先人們光輝的數學研究。

為了使數學更好的應用於生產實踐，楊輝還親自編寫更簡單易學的數學基礎教材——七卷本《楊輝算法》。在這些著作裡，楊輝更是發揮了自己的才能，不僅對於數學知識能夠做到深入淺出，還能把深奧的數學理論編成為普通民眾所樂於學習和背誦的歌訣。不僅如此，楊輝《乘除通變本末》開篇的「教學大綱」更是開創了古代數學教育大綱的先河，成為數學史上不可多得的寶貴財富。

楊輝對《九章算術》的整理、唐宋以來乘除法簡便運算的發展，以及縱橫圖的研究等，無不對後世元、明、清的數學，甚至是周邊國家，朝鮮、日本以及阿拉伯的數學都產生了深遠的影響。

朝鮮半島與中國山水相連，交通便利，自古便與中國來往不斷。中國的制度、禮樂、文化以及天文曆算等源源不斷的傳入朝鮮。從三國時代開始，朝鮮就一直採用中國的曆法，官方使用漢字作為書面語言，並且學校的數學教育沿用的也是中國算書。

從九三五年王氏高麗王朝到一三九二年開始的李氏朝鮮王朝，中國經歷了宋、遼、金、元、明大約四百年間的歷史，此期間中朝兩國和平相處。宋元明各代對於採購書籍以及往返通商都有限制，但對朝鮮則特別例外。因此中國大部分數學典籍著作均傳入朝鮮。明代失傳的天元術，在朝鮮保存了下來。明初勤德書堂在一三七八年冬至刊印過的《楊輝算法》，雖在中國已經失傳，但朝鮮仍留有刊本。

《楊輝算法》何時傳入朝鮮，並未有一個確切的時間。但在李氏朝鮮期間（一四三一年），明初的《楊輝算法》刊本則被列為朝鮮官方使用的教科書，和《詳明算法》、《算學啟蒙》等書一起被定為官方科舉考試取用人才的指定算書。在《楊輝算法》被確定為官方數學書之後，李氏世宗又命人重新刊印了此書。此次重新刊印期間，參與人員達幾十人之多，這一方面說明李氏王朝對此次刊印算書的重視，另一方面也說明當時社會對《楊輝算法》的需求迫切。

十七世紀之前，朝鮮一直沿用中國算書，並沒有自己的算學著作。直到十七世紀中期，朝鮮才開始製作本國數學著作，並出現了一大批優秀的數學家，使得朝鮮本國的數學進入了迅速的發展時期。在此期間，《楊輝算法》一直是朝鮮國家考試的指定用書，所以學習此書的朝鮮人員數量相當龐大，流傳非常深遠。

明代前期，在中日對外貿易中，中國的文化典籍等也被輸入日本。十七世紀後期以來，隨日本數學家引進、吸收中國算學工作的深化，其工作重點已經從研究明代數學轉向了研究宋代數學為主，在傳入日本的宋元數學著作中，《算學啟蒙》和《楊輝算法》是其中流傳最廣、影響最大的兩部著作，它們對日本數學的高度發展也起到了重要的奠基作用。

最早研究《楊輝算法》的是被稱為「日本算聖」的數學史家關孝和。關孝和抄寫並訂正了由朝鮮傳入日本的朝鮮覆刻本《楊輝算法》，所以《楊輝算法》對關孝和的數學工作產生了很大的影響。《楊輝算法》中的解高次方程的方法、求同餘式組的解法、重差術及縱橫圖等，無不影響著關孝和以及其弟子對數學的研究工作。其著作《大成算法》中更是多次引用《楊輝算法》的內容。另外，關孝和對縱橫圖的研究也是師承楊輝，並有著作《方陣之法・圓攢之法》。在書中附圖多幅，分別稱為三方陣、四方陣……十方陣，除三方陣與洛書圖相同外，其餘圖形均為自己獨立創新。

作為一個數學家，楊輝在實用算術、高等數學以及幾何學等方面都做出了巨大的貢獻，也為數學的普及和實用度盡心盡力。雖然楊輝本人的生活境況並未留下更多的文字記載，使後人對於這樣一位偉大的數學家及數學教育家少了更深入的了解，但楊輝的數學成就還是透過他的著作保存和流傳了下來。

生活在南宋末期，社會的動盪，封建體制的弊端，都對楊輝本人為數學的發展和推廣造成了困難和缺憾，甚至說是不足，但這些歷史造成的局限，掩蓋不了楊輝作為一個中國古代數學巔峰時代——宋元時期代表人物的偉大和光輝。

第十章

最偉大數學家之一秦九韶，卻有毀譽參半的後世評價

秦九韶發明的「大衍求一數」，是中世紀數學的最高成就，領先世界五百多年。《數書九章》的影響，也讓他被譽為「所有時代最偉大的數學家之一」。

位於天府之國四川東部的安嶽縣，屬於四川盆地丘陵地區。連綿不斷的小山丘與平地，綠茵茵的稻田、麥地和鬱鬱蔥蔥的林木，把安嶽裝扮得色彩繽紛、豔麗迷人。一二〇八年，秦九韶就出生在這個山清水秀的地方。

秦九韶的父親名叫秦季槱（按：音同「有」），字宏父。秦季槱在宋光宗紹熙四年（一一九三年）與南宋政治家陳亮、後來的福州安撫使程珌一起參加科舉考試，成為同榜進士。後任巴州（今四川省巴中市）太守。嘉定十二年（一二一九年）三月，興元府（今陝西省漢中市）軍士張福、莫簡等人發動兵變，攻取利州（今四川省廣元市）、閬州（閬中市）、果州（南充市）、遂寧（遂寧市）、普州（安嶽縣）等地。在叛變軍隊進占巴州時，秦季槱棄城逃走，攜全家輾轉抵達南宋都城臨安（今浙江省杭州市）。

好學通才遍訪名師

這一年，秦九韶十八歲。秦九韶生性敏慧，勤奮好學，隨父親入京都後，京都的繁華與文化氣息讓他開闊了視野，增長了見識，他處處留心，好學不倦。在秦季槱回朝廷後，相繼做了工部郎中和祕書少監，工部郎中掌管營建，而祕書省則掌管圖書，其下屬機構設有太史局，這給秦九韶提供了良好的學習環境。

秦九韶充分利用父親掌管天下城郭、宮室、舟車、器械的營造工程，以及能夠閱覽皇家古今經籍圖書、國史實錄、天文曆數之事等有利條件和機會，集中精力，向太史局裡有學識的太史、官吏、學者學習，並閱讀了大量的典籍，使之成為博學多能的青年學者。此外，他還拜訪了天文曆法和建築等方面的專家，請教天文曆法和土木工程問題，甚至可以深入工地，了解施工情況。

秦季棫出生在書香門第，同事賦詩讚譽他「岷蜀儒英，蓬瀛人物」，自然學養深厚。三位同庚（同生於淳熙五年，一一七八年）、同年登進士甲科的摯友劍南東川節度判官許奕、哲學家魏了翁、儒家學者真德秀，敢於直面朝廷腐敗，不僅敢於抨擊南宋的奸臣史彌遠、賈似道等人，也是主戰抗擊外來入侵的忠臣，而且個個學識淵博，同屬儒雅之士。秦季棫比許奕、真德秀、魏了翁早六年入朝做官，論年齡為長。他們四人政治傾向相同，都為忠臣良相，有著特殊的關係；秦季棫恭請摯友做秦九韶的老師，督促秦九韶虛心向他們學習淵博精深的知識，三位長者對秦九韶的關心、呵護自然是不言而喻。

魏了翁官至學士，是南宋著名學者，文章、功業彪炳當世，且與秦九韶少年時的天賦、性格都極其相似，自然是喜歡和器重秦九韶，願意做他的良師益友。聰慧好學的秦九韶，不僅潛心向真德秀、魏了翁、許奕學習詩詞、天文、祭祀、曆法等知識，還十分崇敬他們的剛直不阿的道德情操。

葉適是南宋著名的思想家、文學家、政論家。他重視實踐，崇尚唯物主義觀點，在哲學最根本的問題上，明確的認為客觀世界是物質的統一體，他肯定人的知識來源於客觀世界，並認為只有詳細考察周圍的客觀事物才能獲得正確的認識。同時，他的散文寫得也非常好，自成一家。秦九韶也虛心向葉適學習文學、哲學、政論。尤其是葉適提倡對實際進行考察的思想對秦九韶起到了極大的影響。

秦九韶也曾向南宋理學家楊簡學習詩詞、曆法和哲學思想。尤其是對楊簡提出的「心即是道，宇宙的變化即人心的變化過程，以明心為修養之本」等哲學思想體悟很深。

李劉是宋代有名的文人，位居中書舍人。他才高學博，以寫駢體文（按：一種特有的文言文文體，其句式多由四字或六字及對仗構成，故又稱四六文）著名。他治事果斷，措施得當，幕僚無不嘆服。秦九韶拜李劉為師，學習駢儷、詩詞、遊戲、毬馬、弓箭，後來與李劉成為好朋友，經常來往。

吳潛，安徽寧國（今安徽省宣州區）人。宋寧宗嘉定十年（一二一七年）考中進士，學識淵博，政績卓然，是南宋著名的政治家、軍事家，也是詞壇的領軍人物。吳潛受到父親和繼母的良好教育，有較深厚的學養底蘊，奠定了後來考上狀元的基礎。吳潛深知秦九韶自幼聰明好學，求知若渴，雖說秦九韶只比吳潛小十二歲，屬於吳潛的晚輩之列，但吳潛很願意做秦九韶的老師。

而秦九韶的數學啟蒙教師是「隱君子」陳元靚。紹定三年（一二三〇年）之前，陳元靚已經有隱君子之稱，他看的書極多，尤其是新書，對數學也很有研究。秦九韶慕名前來拜師，得到陳元靚的賞識並收留其做弟子。陳元靚是名道學家，這也對秦九韶的思想產生了重大的影響。秦九韶認為「數與道非二本」的「道」就是透過隱君子陳元靚學來的。

秦九韶隨父親在臨安任官的數年間，已經把全部精力用在了學習上。正是透過這一階段的學習，秦九韶成為一位學識淵博、多才多藝的青年學者，曾有人評價他：「性極機巧，星象、音律、算術，以至營造等事，無不精究」，「遊戲、毬、馬、弓、劍，莫不能知」。

一二二五年，秦九韶隨父親至四川潼川府（今四川省三台縣），擔任過一段時間的縣尉。四川有著豐富的石料，普遍用於石拱橋、石壩、石堰、房屋等建造。最早可以追朔到西元前二五六年，秦蜀郡太守李冰父子，主持修建了舉世聞名的都江堰，以及成都市的「七星橋」（實指成都市的七座橋）。但對於運用數學設計建造石拱橋、石壩、石堰的史記，就只有秦九韶在《數書九章》中的「計造石壩」和「計浚河渠」。

宋理宗紹定二年（一二二九年），成都府路、潼川府路遭受乾旱，而潼川府路因位於深丘與山區結合地帶，有十年九旱之稱。當年大旱後，潼川府組織農民大修石壩、石堰，秦九韶積極運用數學幫助、指導農民建造石壩、石堰，防範乾旱。

宋理宗紹定四年（一二三一年）六月，郪江（按：位於長江流域嘉陵江水系中的一條河流）沿岸暴雨成災，河水氾濫，莊稼被淹沒，田土被沖毀，邊界不清，引發了許多民間糾紛。一天，秦九韶在郪江鎮外的核桃壩，遇見兩位農夫爭吵激烈，相互推擠，眼看要打起來，秦九韶上前勸阻。原來郭姓和柳姓農夫，是因為互不認同被洪水沖毀後重新劃定的田土邊界，而發生爭執。

秦九韶細心的傾聽他們各自訴說洪災前田地的形狀、大小，他們都說各自的田原來像三角形，姓柳的農夫還說他的田比姓郭的要大點，姓郭的農夫又說他的田也小不了多少。秦九韶觀察了兩人被洪水夷為平地的田塊，接著走進被沖毀的田塊裡丈量，然後對兩個農夫說，你們不要再爭執了，我過兩天來幫助你們劃定邊界。兩位農夫把秦九韶打量了一番，見他如此熱心和誠懇，也就同意了。

沒過幾天，秦九韶去到發生爭執的田地，沒用多大功夫，就幫他們劃分和重新確定了邊界，郭姓和柳姓農夫看了以後，對秦九韶幫他們劃分出的邊界比較認可，也就按照秦九韶確定的邊界定了界樁。兩位農夫十分感激，問起秦九韶的尊姓大名，秦九韶就說：「我比你們小一點，你們就叫我兄弟吧！」姓柳的農夫對這位和藹可親的兄弟很有好感，就尾隨秦九韶其後，誰知秦九韶卻進了縣衙，他就走過去問門卒：「剛才進縣衙的是何人？」門卒感到有些蹊蹺，就把他帶進縣衙審問。姓柳的農夫告訴門卒：「剛才進縣衙的人，幫我們劃分了被洪水沖毀的邊界，我們非常感激，問他的尊姓大名，他不願意告訴我們。」門卒聽了姓柳農夫的話，就告訴他：「那是秦縣尉。」

姓柳的農夫知道是秦縣尉幫他們劃分邊界，逢人便說，沒多久，秦九韶幫助農民劃分邊界的事情就在鄞縣傳開了，農民們紛紛去找秦九韶，請他幫忙劃分和解決被洪水沖毀田地的邊界，秦九韶就教導他們一些簡單、易學、適用的計算田地面積的方法，讓大家自己解決邊界劃分中的問題。後來，各個鄉里的人們，都十分敬佩這位有才華的朝廷年輕官員。從此，秦縣尉巧斷農夫邊界案的事便在鄞縣傳為佳話。

中國歷來以農立國，雨雪的多寡會直接影響到農作物的豐欠，南宋朝廷也規定測定雨雪量，是當時各州縣的重要任務，但當時所使用測算雨量、雪量的方法是錯誤的，量雨器、量雪器發揮不了應有的作用。

南宋寶慶至紹定年間，秦九韶在鄞縣擔任縣尉。鄞縣地處深丘與山區，所以那裡的百姓非常需要正確的觀測氣象，測量雨雪；同時，秦九韶還參與了「沔州之戰」，反擊蒙古帝國的來犯，而山區氣象變幻莫測，屯兵戍邊，行軍打仗，也都需要掌握氣候及天象。秦九韶便運用了數學原理，去研究計算降雨量和降雪量的正確方法，提供給農民和軍隊。

宋理宗端平年間，秦九韶受李劉推薦，到臨安從事校正祕閣圖書的工作，離開四川之後的地方，很少有雨雪同時兼行，因此《數書九章》中的「天池測雨」、「圓罌測雨」、「峻積驗雪」、「竹器驗雪」等計題，算是秦九韶在軍旅生涯和鄞縣社會實踐中的數學研究結晶。尤其是天池測雨中的天池盆，開創了世界文化史上現存最早紀錄，比西歐（一六三九年）要早近四百年。淳佑十年（一二五〇年），宋理宗下詔在南宋州郡使用「天池盆」、「圓罌」、「竹籮」等雨量器、雪量器觀測和計算雨雪量，應該是秦九韶的《數書九章》成書稿獻於朝廷，受到了宋理宗推崇和肯定。

從小學到大學的數學課，《數書九章》都有教

一二四四年，秦九韶任建康府（今江蘇省南京市）通判期間，因母喪而離任，回浙江湖州守孝三年。正是在湖州守孝期間，秦九韶專心研究數學，在一二四七年，終於完成了二十多萬字的巨著《數書九章》，在南宋時被稱為《數學大略》或《數術大略》，明朝時又稱《數學九章》，為中國古代數學專著，是算經十書中最重要的一種。

《數書九章》題材廣泛，取自宋代社會各方面，包括農業、天文、水利、城市布局、建築工程、測量、賦稅、兵器、軍旅等方面，是一部實用數學大全。

秦九韶在書中也論述了數學在計算日月五星位置、改革曆法、測量雨雪、度量田域、測高求遠、軍事部署、財政管理、建築工程以及商業貿易等中的巨大作用，認為若不進行計算，則會造成傷財勞民的後果，而計算不準確，「差之毫釐，謬乃千百」，於私於公都沒有好處。因此他極力於搜集各種在農業生產、生活、買賣以

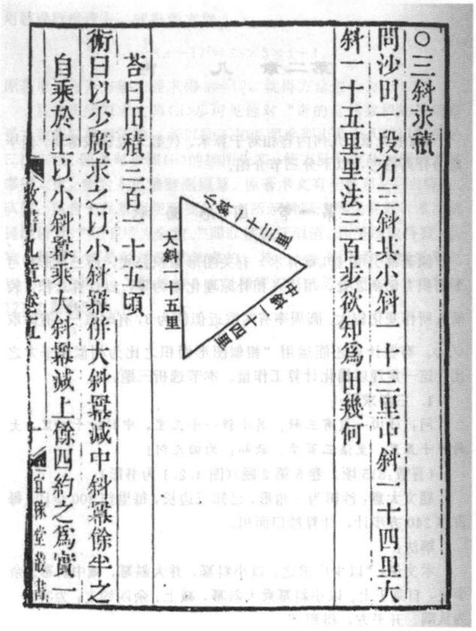
○三斜求積
問沙田一段有三斜其小斜一十三里中斜一十四里大
斜一十五里里法三百步欲知爲田幾何

答曰田積三百一十五頃
術曰以少廣求之以小斜冪併大斜冪減中斜冪餘半之
自乘於上以小斜冪乘大斜冪減上餘四約之爲實一
數書九章卷五　十一　宜稼堂叢書

▲《數書九章》書影。

及戰爭中會遇到的數學問題。

秦九韶在《數書九章》中曾提到：「曆法用久了一定會出現誤差，聰明人要能夠改革創新，如果不去探尋自然界的變化規律，只會模仿和抄襲，又有什麼益處呢？」他認為科學創作不能像匠人般依樣畫葫蘆，也非尋章摘句式的編撰，而要根據知識去創造。

《數書九章》從形式、內容乃至結構，在中國數學著作領域都能算是最優秀的，該書是在秦漢時期數學巨著《九章算術》的基礎上改革創新的成果。秦九韶吸收了《九章算術》的優點，《數書九章》採用「合類」、「通類」、「推類」等思想方法，採取問題集的方式，大都由「問曰」、「答曰」、「術曰」、「草曰」四部分組成：「問曰」，是從實際生活中提出問題；「答曰」，給出答案；「術曰」，闡述解題原理與步驟；「草曰」，給出詳細的解題過程。該書中許多計算方法和經驗常數，直到現在仍有很高的參考價值和實踐意義，被後世譽為「算中寶典」。

秦九韶把《數書九章》分九卷（類），每類九個問題，全書共收錄了八十一個問題。九類主要包括大衍類：餘數定理；天時類：曆法、降水量計算；田域類：土地面積；測望類：勾股、重差；賦役類：均輸、稅收；錢穀類：糧穀轉運、倉窖容積；營建類：建築、施工；軍族類：營盤布置、軍需供應；市物類：交易、利息等。他還加上了用圖式給出了「草」，即演算過程，必要時還附上了直觀圖形。更獨特的是全書八十一個問題題名，和各章名均用四言詩句寫成，這些都是過去古算書所沒有的，無疑是《九章算術》以來的重大發展。

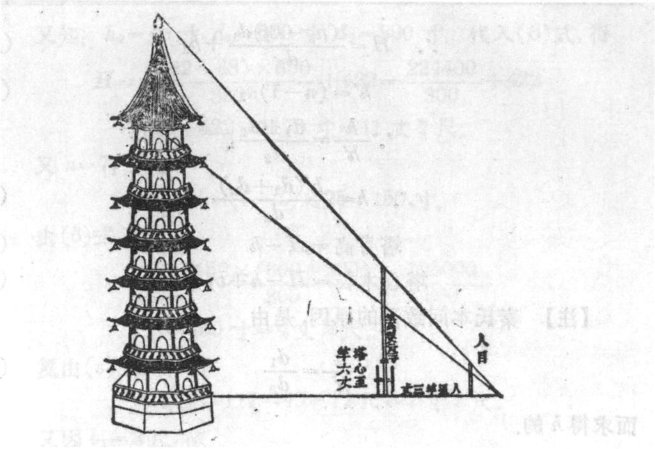

▲《數書九章》中的望塔圖，用來計算塔高。

秦九韶改革創新的舉措增強了該書的可讀性，《數書九章》可謂數學思想方法躍進的里程碑，綻放出秦九韶數學思想的光輝，形成了自己的特色：

第一、開放的歸納體系，「開放」指數學問題與當時社會生產、生活的緊密聯繫；「歸納體系」則指數學表達體系是由個別到一般的歸納方式推導而成。

第二、算法化、抽象化和數據化，《數書九章》題中的「術」是具體算法化，帶著普遍性和抽象的規律；「答」是把「問」中數據化進行計算。

第三、傳統思想，秦九韶的著作與古算一樣，在體系、內容、方法等方面，皆採用「應用題」或「管理數學」（按：以系統性的觀念分析、整合問題）的形式、模式表達。

在《數書九章》中，秦九韶還創造了「大

衍求一術」，領先世界五百餘年。這不僅在當時處於世界領先地位，在近代數學和現代電子計算中，也起到了重要作用，後被稱為「中國剩餘定理」。大衍求一術給了孫子定理一種系統性的表述，大約在四、五世紀成書的《孫子算經》裡有所謂的「物不知數」問題。即：「今有物不知其數，三三數之剩二，五五數之剩三，七七數之剩二，問物幾何」，「答曰二十三」。換句話說，孫子只是給出了一個特殊例子，秦九韶則是用數學的角度來歸納、整理出方法。而西元前二、三世紀西漢名將韓信點兵，也有類似的故事。

當時漢軍苦戰一場，擊退楚軍，敗退回營；漢軍死傷近四、五百人，於是韓信也整頓兵馬返回大本營。當行至一山坡，忽有後軍來報，說有楚軍騎兵追來。只見遠方塵土飛揚，殺聲震天。漢軍本來已十分疲憊，這時隊伍又陷入一陣慌亂。

韓信駕馬至坡頂，見到來犯敵軍不足五百騎兵，便緊急速點兵迎敵。他命令士兵三人一排，結果多出二名；接著命令士兵五人一排，結果多出三名；他又命令士兵七人一排，結果又多出二名。韓信馬上向將士們宣布：我軍有一千零七十三名勇士，敵人不足五百，我們居高臨下，以眾擊寡，一定能打敗敵人。漢軍本來就信服自己的統帥，這一來更相信韓信是軍神下凡、神機妙算，於是士氣大振。一時間旌旗搖動，鼓聲喧天，漢軍步步進逼，讓楚軍亂成一團。交戰不久，楚軍大敗而逃。

秦九韶所發明的「大衍求一術」，即現代數論中「一次同餘式組解法」，是中世紀世界數學的最高成就，比德國著名數學家高斯（Carl Friedrich Gauss）於一八〇一年建立的「同

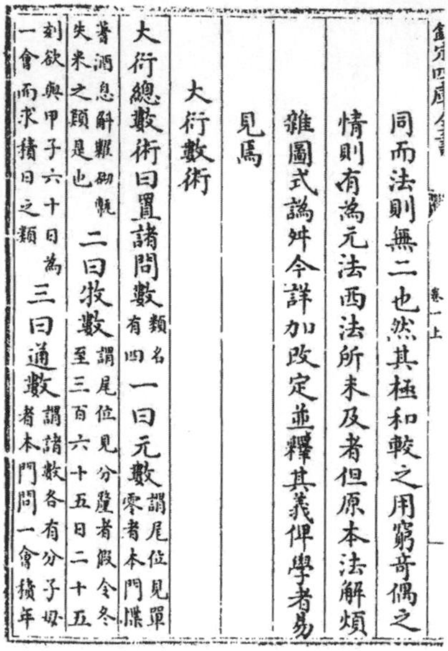

欽定四庫全書　卷一上

同而法則無二也然其極和較之用窮奇偶之情則有為元法因法所未及者但原本法解頗雜圖式譌舛今詳加改定並釋其義俾學者易見焉

大衍數術

大衍總數術曰置諸問數類名有四 一曰元數謂尾位見單零者本門揲蓍酒息斛糶砌甎失米之類是也 二曰收數謂尾位見分釐者假令冬至三百六十五日二十五刻欲與甲子六十日為一會而求積日之類 三曰通數謂諸數各有分子母者本門問一會積年

▲《數書九章》中的「大衍求一術」。

餘理論」早五百五十四年，被西方稱為「中國剩餘定理」。秦九韶不僅為中國贏得無上榮譽，也為世界數學作出了傑出貢獻。

而他所發明的「正負開方術」（求解一元高次多項式的值），被稱為「秦九韶算法」。**現在世界各國從小學、中學、大學的數學課程，幾乎都接觸到他的定理、定律、解題原則。秦九韶還創用了「三斜求積術」等，給出了已知三角形三邊求三角形面積公式，也與西方國家使用的海倫公式完全一致。**

由於秦九韶在數學方面的傑出貢獻，再加上他在天文曆法方面的豐富知識和成就，受到了宋理宗趙昀召見。秦九韶在宋理宗面前，詳細的闡述自己的見解，並呈奏稿《數書九章》給理宗，宋理宗看後大加讚賞。至此，**秦九韶成為了第一個受皇帝召見的中國數學家**。

當秦九韶把《數書九章》推薦給南宋朝廷後，他希望得到重視和推廣。可是，由於皇帝昏庸無能，官場勾心鬥角，他的著作得不到重視。最終，秦九韶抑鬱成疾，於景定二年（一二六一年）病逝梅州，享年五十四歲。

學數學要做啥？解決農民民生問題

中國古代是封建制度的國家，實行君主制度，知識份子幫助君主統治臣民、管理國家，在這樣的政治經濟、科學文化的環境下，中國古代數學多半以「管理數學」的形式出現，目的是為了丈量田畝，建築施工，興修水利，分配勞力，計算稅收，運輸糧食等國家的管理實用目標。

中國南宋屬農業為主的社會，農民占絕大部分，關於農民的耕地、賦稅、吃飯和住房等民生問題，都是秦九韶所關心的。他體察民間疾苦，反對政府和地方豪強的橫徵暴斂，主張仁政，秦九韶恪守傳統道德的恕道，將自心比作人心，認為下層受欺壓、剝削的民眾需要仁政，就像自己溺水需要救援，自己飢餓需要吃東西一樣緊迫。正因為這樣，他提出了許多富民的治國主張。比如他在《數書九章》中為解決農民民生問題為例作出的分析：

其一、圩田開墾耕地。北宋滅亡，中原地區一些人陸續遷移到南宋控制的江南數省，而南宋領土只有北宋的三分之一。人口的增加使南宋原有可耕種土地面積的承載能力，面臨極大的壓力，增加耕地面積的管理工程，也被憂國憂民的秦九韶所關注到。他指出：「百姓雖小，但也應當放在首位，準確計算農民的耕地面積，像西周推行井田制那樣，使耕者有其田，使老弱婦孺的生活有保障，才是施仁政之所在。」

秦九韶認為圩田是土地開發、安置增加人口的一個重要舉措。隨著人口的繁衍，開墾的土地也一天天增多，這就需要量度田畝、整治賦稅，掌握有土地戶籍和地圖，更重要的是精確進行測算和統計，這樣於國於民都有利。在《數書九章》中涉及圩田開墾土地的題目不少，有的是沿海增地或沿湖淤積的湖田，有的則是江畔海邊的圩田和梯田。

其二、減免賦稅。秦九韶從多方面關心民生，他主張合理賦稅與徭役，他認為，國家規定徵收的賦稅，是用來興辦民間事務的，天下賦稅收入應該取之有度。他特別提出減免農民稅租，當時的南宋，因為租金過高或天災等原因，老百姓拖欠官府的租稅很多，秦九韶便提出州郡當寬大體恤，實現減租免稅。

其三、賑濟缺糧戶。由於各種原因出現了缺糧戶，政府應當動員勸說有糧大戶，平價賣糧給這些缺糧戶，並保障市場糧食供應。如他在賦役類中有道題目所提：「官府動員存糧大戶賣以賑濟缺糧戶，賣糧數額依其物力和田畝多少來確定，將一百六十二戶分為九等，首戶賣糧五百石，第九等大戶賣糧二百石……。」各個等級所賣糧食數額呈等差數列，這就是秦九韶設置的數學問題和演算法。

其四、居者有其房。秦九韶除了關心農民土地、吃飯問題外，還關心居住正義。他提出國家在營建城池時要精心設計，降低成本，使人人有房住。他認為，一座座城池，一幢幢房屋，是百姓生存的居所，只有「居者有其屋」才能保存性命和聚居，對於無房租住者，也必須減租金。

《數書九章》問世後，當時流傳並不廣，明代的《永樂大典》中有抄錄此書，稱為《數學九章》。清四庫館本《數學九章》轉錄自《永樂大典》，並加校訂。後來清朝數學家李銳又略加校注。明萬曆年間，藏書家趙琦美有另一抄本《數學九章》。清代官員沈欽裴、宋景昌則以趙本為主，參考各家校本，重加校訂，於一八四二年收入清代藏書家郁松年所刻《宜稼堂叢書》之中。此後，又有《古今算學叢書》本，商務印書館的《叢書集成》均據此翻印，成為最流行的版本。

一八一九年七月一日，英國人霍納（William George Horner）宣讀了一篇數學論文，文中提出了一種解任意高次方程的巧妙方法。由於這一方法有其獨創之處，對數學科學有很大的推進作用，所以很快就引起了英國數學界的轟動，他們以霍納的名字命名這一方法，叫做「霍納方法」。但一場喋喋不休的爭論就這樣在英、義兩國數學界展開了。

有一次，英、義雙方聚在一起爭論到底誰才是發明此公式的人，誓要分個誰是誰非。雙方各呈證據，各有理由，可是誰也說服不了誰。正巧，有個阿拉伯人前往歐洲，聽說這件事後，趕到辯論場去看熱鬧。他聽了雙方的爭論後大笑起來。爭論雙方聽到他笑了，便停下爭論問他為何發笑。

阿拉伯人不慌不忙的從包裡掏出一本書，書名叫《數書九章》，作者是中國的秦九韶。他將書遞與爭論雙方：「你們都不要爭了，依我看來，這個方法應該稱作『秦九韶演算法』。」英、義雙方將書拿來一看，這才知道早在五百多年前，就有個叫做秦九韶的中國人就發明了這種方法。

中國數學史家梁宗巨評價道：「秦九韶的《數書九章》是一部劃時代的巨著，它的內容豐富，精湛絕倫。特別是大衍求一術及高次代數方程式的數值解法，在數學史上占有崇高的地位。那時歐洲漫長的黑夜猶未結束，中國人的創造卻像旭日一般在東方發出萬丈光芒。」

秦九韶的哲學思想，將「道」融入數學

秦九韶曾是宋代道學的忠實信徒，道學思想對秦九韶及其所著《數書九章》有積極的影響作用，主要表現在關於數與道統一的思想；關於數學與人類社會的關係；關於探究數學算理的思想等方面。

宋代統治者對道學情有獨鍾，宋真宗時還加封老子為「太上老君」，宋徽宗時則把《老子》列為太學，以及各地方學校的課本上都必須專門講授《老子》，就在統治者大力推崇《老子》的同時，其中的一些思想也滲透到理學之中。

秦九韶幼時就對道學感興趣，其父在對他的教育方面也是循循善誘，順其自然，任其發展，既不壓抑特長，也不會趕鴨子上架。而秦九韶的師父魏了翁，傳承了朱熹學派的理學思想，後又受陸九淵學說影響，自成一家。這些都讓秦九韶受益匪淺。

後來，秦九韶受教於隱君子陳元靚，在他的指導和幫助下，潛心研讀了許多古算書，特別是《九章算術》，這一點從其《數書九章》中留下了《九章算術》深深的足跡和影子很容易看出。

另外，秦九韶也推崇宋初的道人陳摶，陳摶（按：音同「團」）以傳統的道家思想為核心，參考儒家學說，奠定了宋代更深的基礎，是理學的先驅。秦九韶對陳摶的道學思想主張有很高的評價，他還曾向對兩宋理學有很深研究的南宋目錄學家陳振孫，介紹了陳摶的身世、宗教思想等。

正是這諸多道學之士的耳濡目染、言傳身教，以及當時社會思潮與思想方法的影響，使秦九韶成為了兩宋道學的忠實信徒，並將道學的思想方法直接滲透到了他的數學成果之中。

《數書九章》在開篇的序言之初，秦九韶就指出：「道是宇宙的根本，貫穿於一切事物之中。而數就是道，兩者是完全統一的。」因此，數和易道、天道、地道、人道是緊密相連的，因為數本身就體現了道。例如依照田畝人口徵收賦役、營建、軍旅、市場貿易等，這些關係到千家萬戶的生計和利益的事情，都要參照《數書九章》中介紹的不同的數學方法，他明確指出「數與道非二本也」，再加上數學實踐的切身體會，使他對於數學的重要性產生了較為清楚的認識。秦九韶高度評價數學的作用，反對輕賤數學的世俗看法。

他認為，易道、天道、地道、人道這些屬於道的範疇裡的因素都離不開科學。所以，認識自然、把握規律、發展經濟、推動生產和生活的本身又體現了道。

道學家主張的格物致知、即物窮理的思想方法在秦九韶所著的《數書九章》中也有很好的體現，兩者皆在接觸和研究具體事物的過程中，去發現其中的規律與本質。

在秦九韶看來，中國古代數學存在一個大弊病，雖然能夠解決一些具體甚至很深奧的算題，但往往只知其表面而不知其所以解。例如大衍術就是這樣，雖然被歷代數學家所用，但卻不知道其規律和定法。事實上，正是由於秦九韶給出了一次同餘式的一般解法，才使這一方面的研究達到「中國剩餘定理」的高度，為中國古代數學的發展增添了新的內容。

古今中外，許多人常常不懂裝懂，自欺欺人。秦九韶與此相反，他坦誠自己在數學的學識淺薄，因此他十分重視和注意搜求天文曆法、生產、生活、商業貿易以及軍事活動中的數學問題，盡力滿足社會實踐的需要，並告誡人們要學好數學，精於計算，以避免由於計算錯誤而引起的種種不良後果。在中國古代大數學家中，只有秦九韶在對數學的作用認識上如此坦率，反映了他具有不慕虛榮、實事求是，知之為知之、不知為不知的科學精神。

毀譽參半的後世評價

這樣一位中國歷史上少有的天才，卻被冷落在那一個個以他命名的定理公式之後，特別是關於他數學成就之外的一切，成為了諱莫如深的話題，似乎都被刻意的遺忘。

杭州市西湖區西溪路上有一座石橋，名為道古橋。始建於南宋嘉熙年間（一二三七年到一二四一年），初名西溪橋。南宋咸淳初年（一二六五年）《臨安志》中記載：「西溪橋，本府試院東，宋代嘉熙年間道古建造。」這個造橋的道古不是別人，正是南宋大數學家秦九韶，道古是他的字。

原來，剛好在秦九韶出生前一年，臨安發生了一場著名的大火，燒了三天三夜，燒掉太廟、三省、六部、御史臺等，受災居民達三萬五千多家，部分朝廷命官及家眷便遷居當時屬於郊外的西溪河畔，秦家來臨安後也住那裡。

一二三八年，秦九韶回臨安丁父憂（為父奔喪），見河上無橋，兩岸人民往來很不便，便親自設計，再透過朋友得到銀兩資助，在西溪河上造了這座橋。橋建好後，原本沒有名字，因橋建在西溪河上，習慣上被叫做「西溪橋」。直到元代初年，另一位大數學家、遊歷四方的北方人朱世傑來到杭州，才倡議將「西溪橋」更名「道古橋」，以紀念造橋人、他所敬仰的前輩數學家秦九韶，並親自將橋名書鐫橋頭。

可是，在史料的記載中，卻又並存著秦九韶的另一面：行為乖戾，出人意表。被他的同時代人認為是「不孝、不義、不仁、不廉」。他平日橫行鄉里，為非作歹，是當地有名的惡霸，因此多次被罷去官職。據說，上司的父親過生日宴，秦九韶竟然帶著一個妓女出席，引來眾人的非議。還有，他將上司的田產利用非法手段據為己有，這些田產後來他就用來建造他的豪華府第，那些造型奇特的房屋，也都是由他親自設計的。

他的兒子一次無意間頂撞了秦九韶，從此以後，秦九韶就對兒子恨之入骨。想方設法的要除掉兒子，以解心頭之恨。於是，他悄悄派一個手下去殺死自己的兒子，還親自設計了毒死、用劍、溺死三種方案；可是秦九韶的手下不忍心殺死一個年輕的生命，就偷偷放走他的兒子。當秦九韶得知這件事後，大發雷霆，隨即貼出告示，巨額懸賞，追殺兒子和這名手下。一時間，惹得百姓紛紛咒罵他。

有一年夏天的夜晚，秦九韶和一個他所寵愛的姬妾在庭院中交歡。沒想到被一個僕役無意間撞見，僕役嚇得轉身就跑，但是他認為那僕役是在有意窺探他的隱私，就誣告該僕役偷盜，並將其扭送官府，要求判僕役流放。地方官認為該僕役罪不至此，就沒有按照秦九韶的要求判決，秦九韶為此對這個地方官懷恨在心，就企圖將他毒死。當時的記載說秦九韶家中藏有大量的毒藥，如果某個人阻礙了他，他就會想盡辦法的設計毒死他。

又據與他同時代的詞人劉克莊記載，秦九韶在瓊州為官時，到郡僅百日的時間，郡人無不厭其貪暴，作歌詛咒他趕快離開此地。南宋詞人周密也說：「秦九韶至郡數月，罷歸，所攜甚富。」

從這個角度說，如果將他和義大利文藝復興時期的那些風雲人物相比，竟有幾分相似：多才多藝，無所不通，又利慾薰心，驕奢淫逸。倘若記載屬實，按照今天的標準，秦九韶簡直算得上是人格分裂的冷血殺手。

縱觀秦九韶在學術上的成就，我們又能發現，四川不僅是秦九韶《數書九章》營建、軍旅數學研究成果的起源地，也是他軍事思想形成的始謀實踐地。

南宋時期的四川，無論是宋蒙聯合抗金，還是後來的宋蒙之戰，都是南宋抗禦外來入侵的主戰場之一。金人、元兵無一不是從四川北邊門戶秦鳳路、利州路等地入侵。寶慶至紹定年間，秦九韶在鄆縣地區擔任縣尉，參與反擊元兵的保衛戰，就是他涉足軍事及軍旅數學的實錄。《數書九章》中「計立方營」、「方變銳陣」、「計布圓陣」、「望之敵眾」、「先計軍程」、「軍器功程」、「計造軍衣」等軍旅數學，無疑是秦九韶對戰場中「擇要塞、建兵營、屯兵戎、探敵情、儲糧草、備軍需」等軍事活動的研究結晶。

但秦九韶在主張抗金抗蒙的期間也因為激怒了投降派，而招來了打擊、迫害和誣陷。秦九韶的青年到晚年，正處在宋理宗在位的朝廷腐敗、宦官專權時代。宋理宗先後重用權臣史彌遠、董宋臣、丁大全、賈似道等人，尤其是史彌遠和賈似道的兩度專權，內亂朝綱，打擊排擠魏了翁、董槐、許奕、真德秀、吳潛等一批忠臣良相；外向金、蒙妥協求和，苟且偷生，致使宋朝逐步走向衰亡。步入青年的秦九韶，結識了一批忠臣良相和學者，站在抗金抗蒙主張的抗戰方，把自己研究的天時、軍旅數學用於軍事，而捲入了南宋的政治集團鬥爭，使之受到投降派的攻擊、誹謗。

這似乎是就是天才的宿命，最正統的教科書若是寫到這裡，或許便會寫到時代、階級的局限造成了人物悲劇，不過人物客觀的歷史功績不容抹殺——沉迷於神學研究的牛頓、發動了毒氣戰爭的猶太裔德國化學家哈伯（Fritz Haber），就是這樣的例子。

由於秦九韶的學術成就未被同代人認識，加上一些負面的傳聞和描述，稱其貪贓枉法、生活無度，甚至犯有人命、貪腐等罪，他在晚年後世成了一個有爭議的人物。所有宋史和地方誌都未為秦九韶列傳，他的名字和橋名時隱時現，後裔也下落不明。

國家圖書館出版品預行編目（CIP）資料

宋朝，被誤解的科技強國：天文鐘、潮汐觀測、觀星、昆蟲破案、石油命名、引入自來水，這些世界第一，都來自你以為很弱的宋朝。／曲相奎著. -- 初版. -- 臺北市：大是文化，2020.11

288 面；17×23 公分. --（TELL；032）

ISBN 978-986-5548-01-8（平裝）

1. 科學家　2. 傳記　3. 宋代

309.9　109009956

TELL 032

宋朝，被誤解的科技強國

天文鐘、潮汐觀測、觀星、昆蟲破案、石油命名、引入自來水，這些世界第一，都來自你以為很弱的宋朝。

作　　者／曲相奎
責任編輯／張祐唐
校對編輯／蕭麗娟
美術編輯／張皓婷
副總編輯／顏惠君
總 編 輯／吳依瑋
發 行 人／徐仲秋
會　　計／陳嬅娟、許鳳雪
版權經理／郝麗珍
行銷企劃／徐千晴、周以婷
業務助理／王德渝
業務專員／馬絮盈、留婉茹
業務經理／林裕安
總 經 理／陳絜吾

出 版 者／大是文化有限公司
臺北市 100 衡陽路 7 號 8 樓
編輯部電話：（02）2375-7911
購書相關資訊請洽：（02）2375-7911 分機122
24小時讀者服務傳真：（02）2375-6999
讀者服務E-mail：haom@ms28.hinet.net
郵政劃撥帳號／19983366　戶名／大是文化有限公司

法律顧問／永然聯合法律事務所
香港發行／豐達出版發行有限公司 Rich Publishing & Distribution Ltd
地址：香港柴灣永泰道70 號柴灣工業城第2 期1805 室
Unit 1805,Ph .2,Chai Wan Ind City,70 Wing Tai Rd,Chai Wan,Hong Kong
Tel：2172-6513　Fax：2172-4355
E-mail：cary@subseasy.com.hk

封面設計／林雯瑛
內頁排版／陳相蓉
印　　刷／緯峰印刷股份有限公司
出版日期／2020 年 11 月初版
定　　價／新臺幣 360 元
ISBN　978-986-5548-01-8（平裝）